建筑工程CAD

主　编　杜瑞锋　韩淑芳　齐玉清

副主编　郭志峰　范鸿波　李　萌　张文杰

参　编　付瑞峰　贺海平　王志华　申　钢

　　　　杨　晶　李爱君

主　审　邬　宏　任雪丹

北京理工大学出版社

BEIJING INSTITUTE OF TECHNOLOGY PRESS

内 容 提 要

本书采用最新标准规范和相关规定编写，从建筑设计技术的基本框架和内涵出发，将计算机辅助建筑设计有关核心内容化整为零，融入教学课程中。本书配有专门的建筑施工图供学生实训练习，并对以往的教学过程进行优化、简化。全书共分为两个篇章19个单元，基础和实训篇介绍了AutoCAD的基础知识、基本绘图命令和编辑方法，以及建立建筑模型的常用方法、图形输出的具体方法与步骤等；提高篇以建筑施工图为例，介绍了AutoCAD绘制建筑施工图的方法和技巧。

本书可作为高等院校土建类、工程管理类相关专业的教材，也可作为相关技术人员的自学和参考用书。

图书在版编目（CIP）数据

建筑工程CAD / 杜瑞锋，韩淑芳，齐玉清主编.—北京：北京理工大学出版社，2020.6
ISBN 978-7-5682-8621-3

Ⅰ.①建…　Ⅱ.①杜…　②韩…　③齐…　Ⅲ.①建筑设计－计算机辅助设计－AutoCAD软件
Ⅳ.①TU201.4

中国版本图书馆CIP数据核字（2020）第112281号

出版发行 / 北京理工大学出版社有限责任公司

社　　　址 / 北京市海淀区中关村南大街5号

邮　　　编 / 100081

电　　　话 / （010）68914775（总编室）

　　　　　　 （010）82562903（教材售后服务热线）

　　　　　　 （010）68948351（其他图书服务热线）

网　　　址 / http://www.bitpress.com.cn

经　　　销 / 全国各地新华书店

印　　　刷 / 天津久佳雅创印刷有限公司

开　　　本 / 850毫米×1168毫米　1/16

印　　　张 / 17.5

字　　　数 / 422千字

版　　　次 / 2020年6月第1版　2020年6月第1次印刷

定　　　价 / 78.00元

责任编辑 / 游　浩　钟　博

文案编辑 / 钟　博

责任校对 / 周瑞红

责任印制 / 边心超

　　AutoCAD 是美国 Autodesk 公司研发的计算机辅助绘图与设计软件，从 1982 年至今已经历多次版本的更替和升级。AutoCAD 问世至今，以其强大的功能和友好的界面得到世界各地用户的钟爱，其受欢迎程度和普及面是显而易见的，目前已经广泛地应用于机械、建筑、航天、轻工及军事等工程设计领域，并成为大中专院校学生所必须掌握的重要绘图与设计软件之一。该软件已成为世界范围内的主流设计软件之一，是各行业设计者之间沟通和交流的必备工具。

　　目前，建筑 CAD 是世界建筑工程师的通用语言，拥有熟练的 CAD 绘图技术将是现代工程师必备的技能和基本素养。本书积极响应思政课程的理念，基于现代 CAD 技术和中国设计、中国建造和中国制造的信念，充分结合当前高等教育教学的需要，将大大扩宽教学的空间和提高学生的学习兴趣。

　　本书结合当前、今后建筑类相关专业的培养目标和发展趋势，详细介绍了 AutoCAD 在建筑施工图纸绘制中的基本要求与操作技巧；贯彻《房屋建筑制图统一标准》（GB/T 50001—2017）、《总图制图标准》（GB/T 50103—2010）、《建筑制图标准》（GB/T 50104—2010）等的相关要求。因此，本书的编写能适应当前的建筑工程设计与施工等相关专业的教学需要。

　　本书的单元安排充分考虑了学生的实际需要，结合了操作学习的认知规律，由浅入深，循序渐进。在教学上机用图的选择上，安排了按实际出图比例打印的施工图，更贴近工程实际，使学生们阅读起来更加愉快、舒适。在 60 学时左右的教学课时内，教师和学生之间的教学活动显得紧凑有序，能顺利地完成教学目标和人才培养目标。

　　本书基于建筑工程设计的特点和步骤，优化了 CAD 命令学习的先后顺序，达到提高效率、节省时间的目的。通过课内实训过程，使学生能快速地、稳步地掌握 AutoCAD 基本命令，能熟练进行建筑施工图、结构施工图等相关图纸的绘制与编辑工作，能充分满足当前高等院校的教学目标要求和学生的能力目标要求。

本书编写工作分工如下：内蒙古建筑职业技术学院韩淑芳编写了单元1（除1.1.1、1.1.5、1.8）、单元2（除2.6）、单元3、单元4、单元19中的19.1；内蒙古建筑职业技术学院范鸿波编写了单元5；内蒙古建筑职业技术学院李萌、齐玉清编写了单元6、单元7（除7.8）；内蒙古建筑职业技术学院杜瑞锋编写单元2中的2.6、单元8～单元12（除8.4.2、9.2、10.2、10.3）、单元14～单元16（除14.5）、单元17（除17.1、17.2）、单元18中的18.1和18.2；内蒙古建筑职业技术学院齐玉清编写了单元9中的9.2、单元10中的10.2和10.3、单元18中的18.4～18.7；内蒙古建筑职业技术学院杨晶编写了单元1中的1.8、单元19中的19.4；内蒙古建筑职业技术学院郭志峰编写了单元1中的1.1.5、单元8中的8.4.2；内蒙古建筑职业技术学院付瑞峰编写了单元19中的19.2和19.3；内蒙古建筑职业技术学院申钢编写了单元17中的17.1和17.2；内蒙古建筑职业技术学院张文杰编写了单元1中的1.1.1、单元18中的18.3；内蒙古建校建筑勘察设计有限公司贺海平编写了单元7中的7.8；内蒙古建校建筑勘察设计有限公司王志华编写了单元14中的14.5；呼和浩特市城市轨道交通建设管理有限责任公司李爱君编写了单元13。全书由杜瑞锋完成统稿工作。邬宏教授、任雪丹教授对本书进行了严格的审核，并提出了具体的修改意见。在此，向两位主审教授表示衷心的感谢。

本书编写得到内蒙古建校建筑勘察设计有限公司李清院长、内蒙古华德建筑设计有限责任公司焦锁计总工程师、呼和浩特市城市轨道交通建设管理有限责任公司结构总工程师张振义的热情指导和大力协助，在此向各位专家表示诚挚的谢意。

受限于编者的水平，书中难免存在一定的认识不足和错误，敬请读者谅解并提出宝贵意见，来信请发至电子信箱416512058@qq.com。

编　者

目录

CONTENTS

基础和实训篇：AutoCAD基础

单元1 AutoCAD基础知识介绍

1.1 AutoCAD介绍

1.1.1 AutoCAD简介

AutoCAD是由美国Autodesk公司开发的计算机辅助绘图与设计软件。其具有入门简单、使用方便、功能强大、可二次开发等诸多优点，深受广大工程技术人员的热爱。目前，AutoCAD已广泛应用于建筑、机械、电子、航天、造船、石油化工、冶金、农业等领域。在我国，AutoCAD已经成为工程设计领域应用最广泛的计算机辅助设计软件之一。

随着版本的提高，AutoCAD的功能也越来越强大，除增强图形处理等方面的功能外，最显著的特征是增加了参数化绘图功能。用户可以对图形对象建立几何约束，能保证图形对象之间有准确的位置关系，还可以建立尺寸约束等。通过约束操作既可以锁定对象使其大小保持固定，也可以通过修改尺寸来改变所约束对象的大小。

AutoCAD正版软件以光盘形式提供，光盘中有名为"Setup.exe"的安装文件。用户执行Setup.exe文件，根据弹出的窗口提示安装即可。

安装AutoCAD后，系统会自动在Windows桌面上生成对应的快捷方式图标。双击该图标即可以启动软件，也可以通过Windows资源管理器、Windows任务栏按钮等方式启动。

从AutoCAD 2009版本以来，其界面风格发生了较大的改变，即由过去的菜单式转变为Ribbon风格界面，体现了强烈的时代性和创新性，同时，还保留了过去的菜单式和工具条等操作方式；对初学者而言，只要熟悉了最基本的操作命令，对各个高版本也能应用自如。因此，本书中操作界面淡化版本之间的差异，主要以AutoCAD 2010版本为主，穿插少量的AutoCAD 2017版本操作。

AutoCAD是一款基础性的、综合性的软件，可通用于各个行业。针对建筑工程行业，我国CAD工程师在其基础上二次开发出天正CAD、理正CAD等软件，得到了高度的认可和良好的应用，使设计师工作效率得以提高。此外，我国国内拥有自主产权的CAD软件有中望CAD、浩晨CAD等，也获得了业内的好评，占据了一定的市场份额。

1.1.2 AutoCAD界面

用户启动AutoCAD后会直接进入工作界面，包括菜单浏览器、快速访问工具栏、标题栏、功能区域与功能区选项卡、绘图区域、光标、命令窗口、状态栏、坐标系图标、模型/布局选项卡等，如图1.1所示。

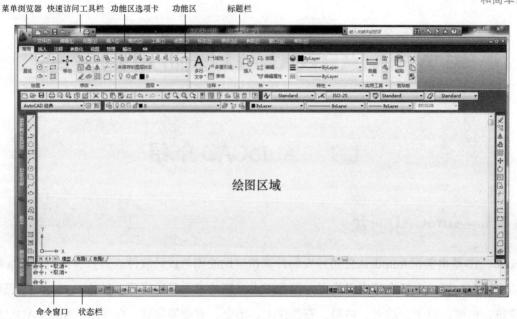

图1.1　AutoCAD 2010工作界面

1. 菜单浏览器

AutoCAD 2010工作界面包含一个菜单浏览器，位于界面的左上角，如图1.2所示。菜单浏览器可以方便地访问不同的项目。

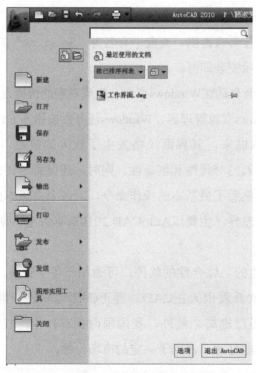

图1.2　菜单浏览器

单击菜单浏览器右下方的"选项"按钮可以弹出"选项"对话框，如图1.3所示，用户可以对"显示"等选项卡进行设定。一般情况下，为了方便绘图，在绘图之前，需要对绘图背景、十字光标大小、拾取框大小和夹点大小等进行设置。

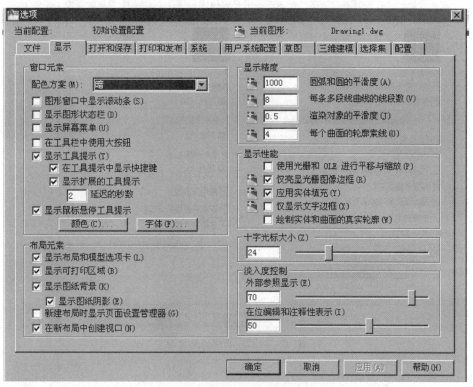

图1.3 "选项"对话框

AutoCAD默认背景为白色，设计者在使用AutoCAD绘图时习惯将其改为黑色，可以单击图1.3所示的"颜色"按钮，出现如图1.4所示的对话框，选择黑色即可，用户也可以根据自己的喜好选择不同的颜色。用户可以通过滑动图1.3所示的"十字光标大小"选项组中的滑块来更改十字光标的大小。

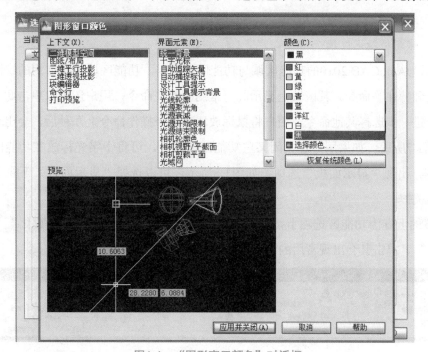

图1.4 "图形窗口颜色"对话框

用户可以通过图1.3所示的"选择集"选项卡进行拾取框与夹点的更改，如图1.5所示。

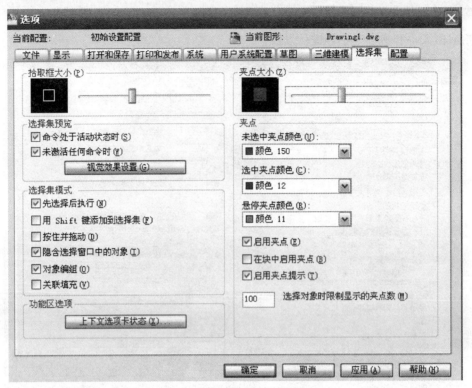

图1.5　拾取框与夹点的更改

2. 快速访问工具栏

快速访问工具栏包括"新建""打开""保存""放弃""重做"和"打印"共6个常用工具按钮。用户还可以单击此工具栏后面的小三角符号添加常用工具。

3. 标题栏

标题栏与其他Windows应用程序类似，用于显示AutoCAD 2010的程序图标及当前所操作图形文件的名称。

4. 功能区域与功能区选项卡

图1.6所示为AutoCAD 2010的功能区域与功能区选项卡。功能区域包括常用的绘图、修改、注释、图层、块和特性等命令。其区域上显示的为常用的相关命令，用户还可以单击此工具栏右下角的小三角按钮进一步选择其他命令。用户将鼠标放置在某个操作命令上几秒后，会出现此命令的详细信息，如图1.7所示。如果用户想关闭某些功能区域面板，可将十字光标放在功能区域空白处，单击鼠标右键，出现"显示面板"选项，如图1.8所示，可以选择"显示面板"下拉菜单选项，将不需要的选项关掉。

功能区域的上方为功能区选项卡，包括"常用""插入""注释""参数化""视图""管理"和"输出"，单击其会出现常用的工具面板。

图1.6　功能区域与功能区选项卡

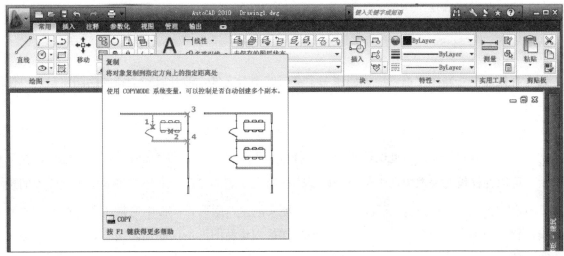

图1.7　"复制"命令的详细信息

图1.8　"显示面板"选项

5. 绘图区域

绘图区域可视为手工绘图时的图纸，是AutoCAD 2010绘图并显示对象的区域。

6. 命令窗口

命令窗口显示用户从键盘键入的命令及AutoCAD提示的信息。默认时，AutoCAD在命令窗口保留最后三行所执行的命令或提示的信息。用户可以通过拖动窗口边框的方式改变命令窗口的大小，使其显示多于或少于3行的信息。

7. 状态栏

状态栏用于显示或设置当前的绘图状态。状态栏上位于左侧的一组数字反映当前光标的坐标，其余按钮从左到右分别表示当前是否启用了捕捉模式、栅格显示、正交模式、极轴追踪、对象捕捉、对象捕捉追踪、动态UCS、动态输入等功能，以及是否显示线宽、当前的绘图空间等信息。

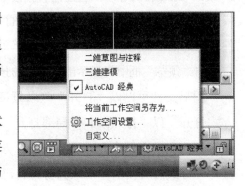

对于习惯AutoCAD传统界面的用户，可以单击状态栏最右侧的"切换工作空间"旁的小三角弹出快捷菜单栏，选择"AutoCAD经典"选项，可以将其切换成与AutoCAD 2008之前版本类似的界面，如图1.9所示。

图1.9　经典模式切换操作

1.1.3 文件操作

1. 创建文件

通常在绘制一张新图之前，应该创建一个空白的图形文件，即开启一个新的绘图窗口，以便绘制新图形。

在快速访问工具栏中单击"新建"按钮 ，或单击"菜单浏览器"按钮，在弹出的菜单中选择"文件"→"新建"命令，此时将弹出"选择样板"对话框，如图1.10所示。在"选择样板"对话框中，可以在样板列表框中选中某一个样板，这时在右侧的"预览"框中将显示出该样板的预览图像，单击 打开(0) 按钮，可以用选中的样板来创建新图形。样板中通常包含与绘图相关的一些通用设置，如图层、线型、文字样式等，使用样板创建新图形不仅能提高绘图效率，而且能保证所绘图形的一致性。

图1.10 "选择样板"对话框

2. 打开图形文件

使用"打开"命令可以打开图形文件，对其进行浏览或编辑。用户不仅能打开图形文件本身格式dwg、dwt或dws等，而且还能直接读取dxf格式文档。在快速访问工具栏中单击"打开"按钮 ，或单击"菜单浏览器"按钮，在弹出的菜单中选择"文件"→"打开"命令，此时将弹出"选择文件"对话框，如图1.11所示。在"选择文件"对话框的文件列表框中，选择需要打开的图形文件，在右侧的"预览"框中将显示出该图形的预览图像。

图形文件可以以"打开""以只读方式打开""局部打开"和"以只读方式局部打开"4种方式打开。以"打开"和"局部打开"方式打开图形，可以对图形文件进行编辑；以"以只读方式打开"和"以只读方式局部打开"方式打开图形，则无法对图形文件进行编辑；如果以"局部打开"方式打开图形，可以只打开自己所需要的内容，加快文件的加载速度，而且也减少绘图窗口中显示的图形数量。

在界面顶端，单击快速访问工具栏中的 📂 按钮，打开"选择文件"对话框，单击 打开(O) 按钮右侧的 ▾ 按钮，在弹出的快捷菜单中有4个选项，选择"局部打开"选项，弹出如图1.12所示"局部打开"对话框，在"局部打开"对话框中勾选需要打开的图层，单击 打开(O) 按钮，此时视图中将显示局部打开的图形文件。

图1.11 "选择文件"对话框

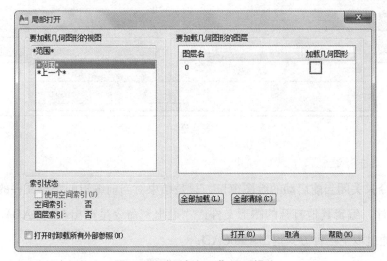

图1.12 "局部打开"图形操作

3. 保存图形文件

在AutoCAD中，可以使用以下方式保存图形：

（1）在接口顶端，单击快速访问工具栏中的"保存"按钮 💾 ；

（2）单击"菜单浏览器"按钮，选择"文件"→"保存"命令；

（3）按快捷键"Ctrl+S"；

（4）在命令行输入"save"，按Enter键执行；

当前的图形可以保存为dwg格式的图形文件或者dwt格式的样板文档。

4. 加密保护绘图数据

保存文件时可以使用密码保护功能，对文件进行加密保存。

单击"菜单浏览器"按钮，在弹出的菜单中选择"文件"→"保存"或"文件"→"另存为"命令，将打开"图形另存为"对话框。在该对话框中单击 工具(L) ▼ 按钮，在弹出的菜单中选择"安全选项"命令，将打开"安全选项"对话框，如图1.13所示。在"密码"选项卡中"用于打开此图形的密码或短语"文本框中输入密码，然后单击"确定"按钮，将打开"确认密码"对话框，并在"再次输入用于打开此图形的密码"文本框中输入密码并确认。

图1.13　"安全选项"对话框

5. 关闭图形文件和退出AutoCAD

"关闭"命令只关闭当前启动的绘图窗口，只是结束对当前编辑的图形文件的操作，可以继续运行AutoCAD软件，编辑其他打开的图形文件；"退出"命令是退出AutoCAD程序，结束所有的操作。用户可以通过以下三种方式退出AutoCAD：

（1）单击AutoCAD主窗口右上角的"关闭"按钮 X；

（2）选择"文件"→"退出"命令；

（3）在命令行中输入"quit"（或"exit"）。

如果在退出AutoCAD时，当前的图形文件没有被保存，则系统弹出提示对话框，提示用户在退出AutoCAD前保存或放弃之前保存之后对图形文件所做的修改。

1.1.4　其他参数选项

设置绘图环境各项参数，打开"选项"对话框，在该对话框中包含"文件""显示""打开和保存""打印和发布""系统""用户系统配置""草图""三维建模""选择集"和"配置"10个选项卡，如图1.3所示。

1."文件"选项卡

在"文件"选项卡中，可以配置系统搜索支持文件、驱动程序档，以及其他文件的搜索路径、文件名和文件的位置等。

2."显示"选项卡

在"显示"选项卡中，可以自定义系统的显示，包括设置窗口元素、布局元素、显示精度、显示性能、十字光标大小和深入度控制共6个属性。若勾选"窗口元素"选项组中"图形窗口中显示滚动条"复选框，在绘图窗口中就显示滚动条，否则不会显示滚动条。

3."打开和保存"选项卡

使用"打开和保存"选项卡可以设置打开和保存图形文件的有关参数，包括文件保存、文件安全措施、文件打开、外部参照和ObjectARX应用程序共5个属性。

4."打印和发布"选项卡

"打印和发布"选项卡用来设置打印设备、打印警告、打印质量、打印图样及后台打印等项目。

5."系统"选项卡

"系统"选项卡用来设置AutoCAD系统有关的参数，如三维性能、当前定点设备、布局重生成选项、数据库连接选项、是否显示OLE特性对话框、是否显示所有警告信息、是否检查网络连接及是否允许长符号名等。

6."用户系统配置"选项卡

（1）"用户系统配置"选项卡用来设置快捷菜单、插入比例、超链接、坐标输入的优先级及关联标注等。

（2）系统默认的为选中"双击进行编辑"和"绘图区域中使用快捷菜单"复选框。单击"Windows标准操作"选项组的 自定义右键单击(I)... 按钮，弹出"自定义右键单击"对话框，在该对话框中设置单击鼠标右键的默认模式、编辑模式及命令模式。

（3）单击 线宽设置(L)... 按钮，弹出"线宽设置"对话框，在该对话框中可以设置线的宽度、单位及调整显示比例。

7."草图"选项卡

"草图"选项卡用来设置自动捕捉和追踪的相关参数，如自动捕捉标记颜色、标记大小、对齐点获取等。

8."三维建模"选项卡

"三维建模"选项卡用来设置三维十字光标、三维对象、三维导航以及是否显示UCS图标等。

9."选择集"选项卡

"选择集"选项卡用来设置选取目标时的有关参数，如拾取框的大小、夹点大小、选择预览等。

10."配置"选项卡

"配置"选项卡用来管理配置文件，可以对配置文件进行置为当前、添加到列表、重命名、删除、输入和输出等操作。

1.1.5 AutoCAD高低版本间命令、界面和工具条的通用性

AutoCAD高版本对低版本具有良好的兼容性。例如，命令是由低版本到高版本通用，或者在使用功能上区别不大。如图1.14所示，在高版本的AutoCAD界面中，采用了Ribbon界面风格，即存在相应的功能区，这是新的 Microsoft Office Fluent 用户界面（UI）的一部分，即实现了如同仪表板一样的设计器。通常，功能区包含一些用于创建、编辑和导出仪表板及其元素的上下文工具。其是一个收藏了命令按钮和图示的面板，其本质是将工具栏的命令用一组组的"标签"进行组织分类，每一组包含了相关的命令。每一个应用程序都有一个不同的标签组，展示了程序所提供的功能。在每个标签里，各种相关的选项被组合在一起。Windows Ribbon是一个较为先进的设计理念，但也存在一部分使用者不适应，抱怨无法找到想要的功能的情形，即出现的关键问题是寻找下拉菜单、工具条等操作。

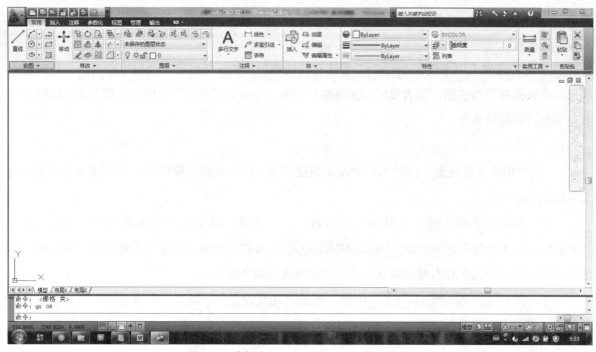

图1.14　高版本AutoCAD中Ribbon界面风格

1. 高版本中寻找下拉菜单的方法

虽然高版本的AutoCAD操作界面发生了较大的改变，但仍保留了低版本中的界面，设计者在高版本中可通过相应的操作将之转换成低版本中习惯使用的界面，如常见的菜单栏等。如图1.15所示，通过AutoCAD界面上的"自定义快速访问工具栏"，选择"显示菜单栏"命令，便可转换为较早版本中的界面风格。

2. 高版本中寻找工具条的方法

在使用高版本AutoCAD绘图过程中，会遇到找不到工具条、界面不熟悉等麻烦，其实这些问题可通过高版本中的相应设置来解决。如图1.16所示，通过菜单栏中"工具栏"→"AutoCAD"命令，可以获得全部工具的菜单，也可以根据需要勾选对应的工具，即可以找到需要的工具条。

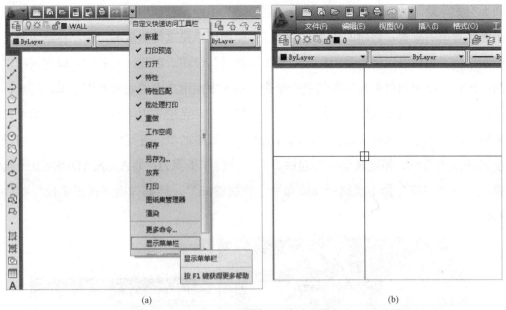

图1.15　高版本中寻找下拉菜单的操作

（a）调整前；（b）调整后

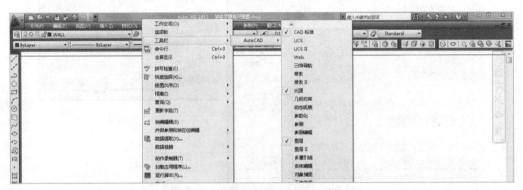

图1.16　高版本中寻找工具条的操作

1.2　AutoCAD绘图环境、命令执行方式及辅助命令

1.2.1　绘图环境

安装好AutoCAD后，用户可以在默认设置环境下绘制图形。实践中，为了提高绘图效率，需要在绘图前对绘图环境做必要的设置，包括绘图单位、绘图界限及绘图中的其他参数。在绘图过程中，有两个空间可以利用：一为模型空间；二为图纸空间。在两种绘图空间中，绘制好的图形在打印环节上有所区别、相互配合使用。初学者可以在默认的模型空间绘图。

绘图环境绘图单位及图形界限

1. 绘图单位

首先需要说明的是，AutoCAD绘图过程中可以视为一个虚拟操作过程，即绘图的空间无穷大，绘制的图形没有实际单位。当然，为了绘图过程中的方便性和便捷性，图形单位是设计中必须考虑的要素，创建的所有对象都是根据图形单位进行测量的。用户在绘图前，一般要先确定绘图单位。用户可以优先采用1∶1的绘图比例进行绘图。因此，所有的对象都可以以真实大小来绘制。用户可以使用各种标准单位进行绘图，对于中国用户来说通常使用毫米、厘米、米和千米作为单位，毫米是建筑工程设计中使用的最小测量单位。无论采用何种单位，在绘图时只能以图形单位来确定绘图尺寸，在打印出图时，再将图形按图纸中的单位进行缩放。绘图单位的设置主要包括长度和角度的类型、精度及角度的起始方向。其操作步骤为：将AutoCAD切换至经典模式，选择"格式"→"单位"命令或执行units命令（快捷键un），屏幕弹出"图形单位"对话框，如图1.17所示。

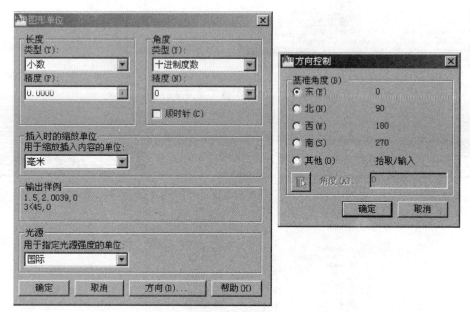

图1.17　图形单位的设置与方向规定

（1）在"长度"选项组中，可以设置图形的长度单位类型和精度，各选项的功能如下：

1）"类型"下拉列表框：用于设置长度单位的格式类型。可以选择"小数""分数""工程""建筑"和"科学"5个长度单位类型选项。

2）"精度"下拉列表框：用于设置长度单位的显示精度，即小数点的位数，最大可以精确到小数点后8位数，默认为小数点后4位数。

（2）在"角度"选项组中的"类型"下拉列表框用于设置角度单位的格式类型，各选项的功能如下：

1）"类型"下拉列表框：用于设置角度单位的格式类型，可以选择"十进制数""百分度""弧度""勘测单位"和"度/分/秒"5个角度单位类型选项。

2）"精度"下拉列表框：用于设置角度单位的显示精度，默认值为0。

3）"顺时针"复选框：该复选框用来指定角度的正方向。选中"顺时针"复选框则以顺时针方向为正方向，不选中此复选框则以逆时针方向为正方向。默认情况下，不选中此复选框。

（3）"插入时的缩放单位"选项组"用于缩放插入内容的单位"下拉列表框中，可以选择缩放图形的单位，如毫米、英寸、码、厘米、米等。

（4）单击"方向"按钮，弹出图1.17右侧所示的"方向控制"对话框，在对话框中可以设置基准角度（B）的方向。在AutoCAD的默认设置中，B方向是指向右（即正东）的方向，逆时针方向为角度增加的正方向。

（5）"光源"选项组用于设置当前图形中光源强度的测量单位，下拉列表中提供了"国际""美国"和"常规"3种测量单位。

单击"确定"按钮，完成设置。

2. 图形界限

AutoCAD绘图区域是一个无限大的空间。一般来说，用户可以不进行设置，直接绘制图形即可。在特殊情况下，为了绘图的实际需要，可以设定绘图的有效区域，也可以确保所绘制的图形在某一特定的区域，还可以用于第三方程序的读入或写入操作。

图形界限是在绘图空间中的一个划定的矩形绘图区域，栅格开启时方可以看到绘图界限所指示的区域。当打开图形界限边界检查功能时，一旦绘制的图形要超出绘图界限时，AutoCAD将发出提示信息。

将AutoCAD 2010切换至经典模式，单击"格式"→"图形界限"命令或执行limits命令，命令行将出现提示"指定左下角点或［开（ON）／关（OFF）］<0.000 0，0.000 0>："，如图1.18所示，通常可以不改变图形界限左下角点的位置。"指定右上角点<420.000 0，297.000 0>："直接按Enter键，即可设置成A3图幅的图形界限，用户也可以根据自己所绘制图形的尺寸进行合理的设置。设置图形界限有以下两种方式：

```
命令：limits
重新设置模型空间界限：
指定左下角点或 [开(ON)/关(OFF)] <0.0000,0.0000>：
指定右上角点 <420.0000,297.0000>：
```

图1.18 图形界限的设置

（1）"开"选项表示打开绘图界限检查，如果所绘制图形超出了图形界限，则系统不绘制图形并给出提示信息；

（2）"关"选项表示关闭绘图界限检查。

在完成上述绘图环境的设置后，就可以开始绘制图形了。如果每次绘图前都重复这些设置，会很烦琐，因此，为了方便交流、统一操作且符合建筑工程制图规范的要求，在AutoCAD中可以将设置的绘图环境保存为样板文件。

在实际操作中，可单击快速访问工具栏中的"另存为"下拉菜单中的"AutoCAD图形样板"选项，弹出如图1.19所示的"图形另存为"对话框，单击"保存"按钮，将弹出"样板选项"对话框，如图1.20所示，可以对这个样板图做简要说明，单击"确定"按钮完成样板图的保存。

1.2.2 命令执行方式及鼠标键操作

1. 执行AutoCAD命令的方式

（1）通过键盘直接在命令行输入命令；

（2）通过功能区域工具选项板、工具条执行命令；

（3）通过下拉菜单执行命令。

命令执行方式
及鼠标键操作

图1.19 "图形另存为"对话框

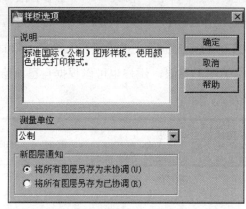

图1.20 "样板选项"对话框

2. 命令的重复、中断、撤销、重做

（1）重复执行命令的方式有以下两种：

1）按Enter键或Space键，这是最为常用的方式；

2）使光标位于绘图窗口，单击鼠标右键，弹出快捷菜单，并在菜单上执行"重复执行"或"最近的输入"命令，即可重复执行对应的命令。

（2）中断命令，可以通过按Esc键执行。

（3）撤销最近已执行的命令方式有以下三种：

1）在快速访问工具栏上单击 ↩ 按钮；

2）使光标位于绘图窗口，单击鼠标右键，弹出快捷菜单，在菜单上执行"放弃"命令，即可以撤销执行对应的命令；

3）可以在命令行输入命令"undo"，并按Enter键或单击鼠标右键确认。

（4）要恢复最后一次撤销的操作，有以下两种方式：

1）在快速访问工具栏上单击 ↪ 按钮；

2）在命令行输入命令"redo"，并按Enter键或单击鼠标右键确认。

3. 鼠标键的操作

对于常见的3键鼠标，有以下的操作规定：

（1）左键：在绘图区域左键用于选择对象（点选、窗选等操作）。

（2）右键：在绘图区域单击右键将打开快捷菜单或实现Enter功能；或用于环境选项，取决于使用者快捷菜单开关设定。

（3）中间键：将鼠标中键放在对象上并按下不放，然后拖曳，将实现平移对象操作；双击将实现zoom命令中e选项的缩放成实际范围的功能。

1.2.3　对象选择操作

这里直接给出CAD中"对象"的规定，即CAD中所有的图形、文字注释说明、图案填充、块等均可称为"对象"。

某些命令执行前可选择好"对象"后进行；或某一编辑命令执行时，AutoCAD通常会提示"选择对象："，即要求用户选择"可操作"的对象，此时用户应选择对应的操作对象。常用选择对象的方式如下：

对象选择操作

（1）点选。此种方式用鼠标左键单击对象即可完成选中的操作，如图1.21所示，楼梯扶手构件处于被选中的状态。点选过程效率低，适用于少量对象的选择过程，或在其他选择方式不适用的情况下使用。

（2）窗选。窗口选择方式，是通过鼠标左键先后单击不同位置的两点，以获得以该两点为对角点构成的矩形框内的对象。其可分为两种情况：其一为由左向右单击两点，构成实线矩形框，对象的全部落入后才能被选中；其二为由右向左单击两点，将构成虚线矩形框，只要对象的一部分落入该框，就能够被选中。在实际绘图中，可结合具体情况灵活地使用两种窗选方式，如图1.22所示。

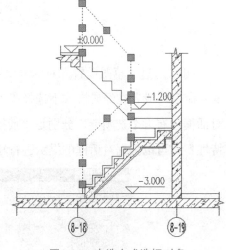

图1.21　点选方式选择对象

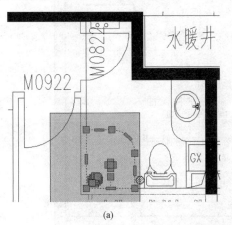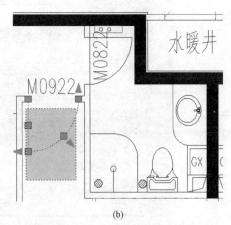

|(a)|(b)|

图1.22　窗选方式的两种执行方法

（a）实框选择淋浴设备；（b）虚框选择平开门

另外，在具体的命令执行时，还有更多选择对象的操作。如trim命令使用中，就可以使用栏选"f"来获得一排对象的选中；有的命令还可以使用多边形选择对象。

（3）删除选择集。以上第（1）、（2）条中所表述的可以归结为CAD中选择对象的基本方法，也可以无限制地采用"点选"或"窗选"，或两者兼用的方式来选择众多对象；选中的对象称为"选择集"，即集合的意思。如果发现已选好的"选择集"中包含不需要的内容，则可以通过"Shift+鼠标左键"来删除，而不必通过Esc键全部取消已选中的对象。

1.2.4 绘图辅助工具——栅格

为提高绘图效率和准确度，AutoCAD提供了必要的精确绘图辅助工具，利用这些工具可以实现精确定位、追踪、屏幕输入命令等操作，是实际绘图中不可或缺的工具。当这些工具被应用时，将在绘图状态栏中显示，如图1.23所示。辅助工具包括捕捉模式、栅格显示、正交模式、极轴追踪、对象捕捉、对象捕捉追踪、动态输入、线宽模式等。每个辅助工具可以用鼠标单击，当其变为淡蓝色时为激活状态，变为灰色时表示处于关闭状态。

绘图辅助工具——栅格

图1.23 绘图状态栏

可以通过"草图设置"对话框设置捕捉和栅格等，如图1.24所示。通过执行dsettings（快捷键ds）命令，或者在经典模式下选择"工具"→"草图设置"命令都能打开"草图设置"对话框。该对话框内有五个选项卡，分别是"捕捉和栅格""极轴追踪""对象捕捉""动态输入"和"快捷特性"，可以根据对话框的提示进行相应的设置。

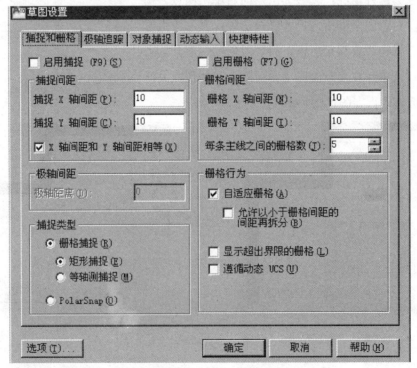

图1.24 "草图设置"对话框

栅格是显示在用户定义的图形界限内的点阵，如图1.25所示。其类似于在图形下放置一张坐标纸，使用栅格可以对齐对象并直观显示对象之间的距离，可以参照栅格进行草图绘制。在输出图纸时并不打印栅格，可以随时调整栅格的间距。在高版本AutoCAD中，栅格有了更多的设置，如图1.25所示。

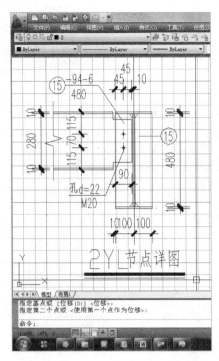

图1.25 栅格显示

在AutoCAD用户界面的状态栏中单击"栅格显示"按钮 ▦；或按F7键可以打开或关闭栅格。

捕捉工具能使鼠标拾取点准确地对准到设置的捕捉间距点上，可以用于准确定位。

一般情况下，捕捉和栅格配合使用。捕捉和栅格的X、Y轴间距分别相对应，以保证鼠标能够捕捉到精确的位置。当捕捉模式打开时，用户移动鼠标时会发现，状态栏上的坐标显示值会有规律地变化，鼠标指针就像有磁性一样，被吸附在栅格点上。捕捉模式有助于使用键盘或定点设备来精确地定位点。通过设置X和Y轴方向的间距可以控制捕捉精度。捕捉模式由开关控制，并且可以在其他命令执行期间打开或关闭。

1.2.5 绘图辅助工具——正交与极轴追踪

正交模式，用于控制是否以正交方式绘图。在正交模式下，可以方便地绘制出与当前X轴或Y轴平行的线段。打开或关闭正交模式有以下两种方法：

（1）在AutoCAD用户界面的状态栏中单击"正交模式"按钮 ⌐；

（2）按F8键打开或关闭。

绘图辅助工具——正交与极轴追踪

打开正交模式后，输入的第1点是任意的，但当移动光标准备指定第2点时，引出的"橡皮筋线"已不再是这两点之间的直接连接，而是起点到光标十字线的垂直线中较长的那段线，此时单击，"橡皮筋线"就变成所绘直线。

极轴追踪是后来出现的更强大的工具，可以追踪更多的角度，可以设置增量角，所有0°和增量角的整数倍角度都会被追踪到，还可以设置附加角以追踪单独的极轴角。

在AutoCAD用户界面的状态栏中单击"极轴"按钮 ⌀ 或按F10键可以打开或关闭极轴追踪。对极轴进行设置参见图1.26。

（1）极轴角设置。用来设置增量角，即选择一个角度作为增量角，这样就能追踪到该角度的整数倍角度，如增量角为30°，则可以追踪到30°、60°、120°、150°等角度，如图1.27所示。

（2）对象捕捉追踪设置。

1）"仅正交追踪"，是指在进行"对象追踪"时，只能追踪对象上的水平方向和垂直方向。

2）"用所有极轴角设置追踪"，是指在进行"对象追踪"时，可以追踪对象上预先设定的增量角的整数倍角度方向，如图1.27所示。

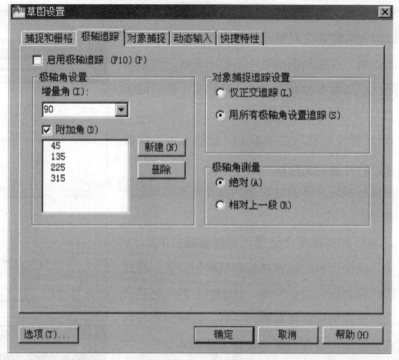

图1.26 极轴追踪设置

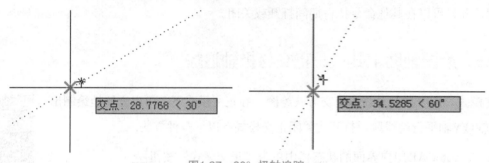

图1.27 30° 极轴追踪

（3）极轴角测量。

1）"绝对"，是指追踪角度与X轴正向的夹角。

2）"相对上一段"，是指追踪角度与前一段直线的夹角。

1.2.6 绘图辅助工具——对象捕捉与自动追踪

1. 对象捕捉

在绘图过程中，经常需要指定一些点。这些点可能是已有对象上的点，如已有对象的端点、中点、圆心等。如果想拾取这些点，单凭眼睛观察是不可能做到非常准确的。为此，AutoCAD提供了对象捕捉功能，可以帮助用户迅速、准确地捕捉到某些特殊点，从而能够精确地绘制图形。对象捕捉是在已有对象上精确定位点的一种辅助工具，它不是AutoCAD的主命令，不能单独执行，只能在执行绘图命令或图形编辑命令的过程中执行，执行完成后即失效，主命令可以继续执行。

绘图辅助工
具——对象捕捉
与自动追踪

在AutoCAD用户界面的状态栏中单击"对象捕捉"按钮 或按F3键可打开或

关闭对象捕捉。

使用以下两种方式来启动对象捕捉模式：

（1）临时对象捕捉方式。在执行主命令的过程中要求指定一个点时，选择一个所需要的对象捕捉来响应提示，待捕捉到所需要的点后，对象捕捉即自动关闭。在AutoCAD提示指定一个点时，按住Shift键或Ctrl键不放，在屏幕绘图区域单击鼠标右键，则弹出如图1.28所示的临时对象捕捉菜单，即使用一次后失效。

（2）自动对象捕捉方式。前面所讲的对象捕捉方式是每捕捉一个点，都要执行一次对象捕捉命令。如果需要连续用某种捕捉模式选取一系列点，这样前面的捕捉模式就显得效率低下。AutoCAD还提供了一种自动捕捉模式，进入该模式后，每当用户需要确定点时，只要将光标定位在特征点附近，就会自动使用相应的捕捉模式，而不需要用户逐次手动执行捕捉命令。

自动对象捕捉功能设置在"草图设置"对话框的"对象捕捉"选项卡中进行。可以在经典模式下拉菜单中选择"工具"→"草图设置"命令，打开"草图设置"对话框。用户也可以在状态栏"对象捕捉"按钮上单击右键，选择对象捕捉选项，如图1.29所示，或单击"设置"按钮打开"对象捕捉"选项卡，如图1.30所示，也可以输入快捷命令"os"打开，勾选需要捕捉的点即可。

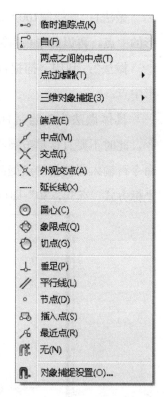

图1.28　临时对象捕捉菜单

图1.29　对象捕捉选项

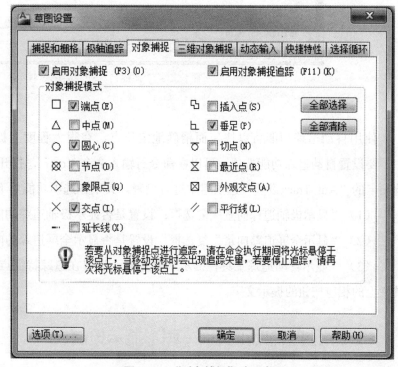

图1.30　"对象捕捉"选项卡

（3）捕捉自（from）。在打开如图1.29所示的对象捕捉快捷菜单时，第二个捕捉选项为"捕捉自"。下面以一个实例说明"捕捉自"的用法。

如图1.31所示,在100×60的矩形正中绘制半径为20的圆。

做法1:先绘制100×60的矩形,然后通过绘制辅助线找到矩形的中点,再以此中点为圆心、20为半径绘制圆。

做法2:利用"捕捉自"绘制圆就不需要绘制辅助线寻找矩形中点。

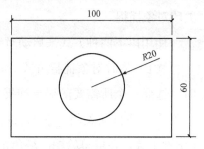

图1.31　简单图形绘制

具体做法为先绘制100×60的矩形,然后启动绘制圆的命令,此时不要直接单击圆心,打开"捕捉自"命令,输入基点,单击选择左下角点为基点,然后在命令行输入要捕捉的点偏离基点的坐标位置,坐标输入方式在后续单元会详细讲解,这里输入相对坐标方式"@50,30"即可捕捉到矩形的中心,然后输入半径20,具体过程如图1.32所示。

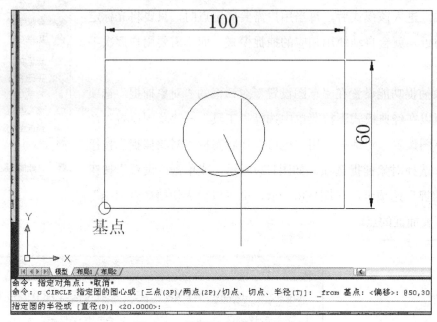

图1.32　"捕捉自"功能绘图过程

2. 自动追踪

使用自动追踪功能可以快速而精确地定位点,在很大程度上提高了绘图效率。在AutoCAD中,要设置自动追踪功能选项,可以在命令行输入命令"op",打开"选项"对话框,在"草图"选项卡的"AutoTrack设置"选项组中进行设置。其中各选项功能如下:

(1)"显示极轴追踪向量"复选框:设置是否显示极轴追踪的向量资料。

(2)"显示全屏追踪向量"复选框:设置是否显示全屏追踪的向量资料。

(3)"显示自动追踪工具栏提示"复选框:设置在追踪特征点时是否显示工具栏上的相应按钮的提示文字。

1.2.7　绘图辅助工具——图形显示控制

在绘图过程中,为方便绘制与编辑图形,需要调整对象显示的位置和大小,这就需要对图形对象进行缩放和平移。按照一定的比例、观察位置和角度显示的图形称为视图。

绘图辅助工
具——图形
显示控制

1. 视图缩放

由于屏幕尺寸的限制，有时看不清楚图形的细节或无法浏览整个图形，此时可以使用视图命令放大或缩小图形，便于观察图形。

缩放命令的功能如同照相机的变焦镜头，能够放大和缩小当前观察对象的视觉尺寸，而并非是对图形对象实际尺寸的改变，只是相当于将图纸移开或拿近。

AutoCAD提供了多种视图缩放方法，常用的有以下几种：

（1）如图1.33所示，"标准工具条"和"视口工具条"中均有相应的缩放操作。

（2）在命令行输入命令"zoom"或按快捷键z启动命令，如图1.34所示。

（3）可以选择"视图"→"范围"命令，然后在下拉菜单中选择对应的缩放工具，如图1.35所示。

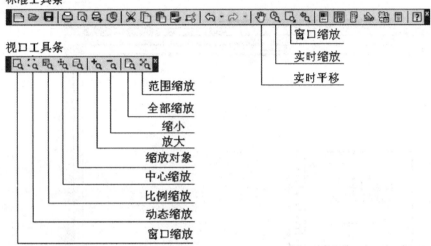

图1.33 "标准工具条"和"视口工具条"中的缩放操作命令

图1.34 执行视图缩放命令

图1.35 单击视图菜单执行视图缩放操作

在执行缩放命令后，可以选择不同的缩放方式：

操作过程：

> 命令：z↙
>
> 指定窗口的角点，输入比例因子(nX或nXP)，或者[全部(A)/中心(C)/动态(D)/范围(E)/上一个(P)/比例(S)/窗口(W)/对象(O)]<实时>： (选择缩放方式)

以图1.36的原视图为例，对视图命令中各缩放方式的解释如下：

（1）"全部"：显示包括全部图形范围内的图形实体，如图1.37所示。

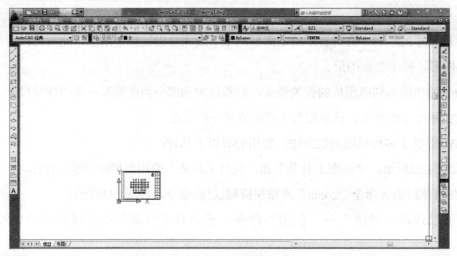

图1.36　原视图

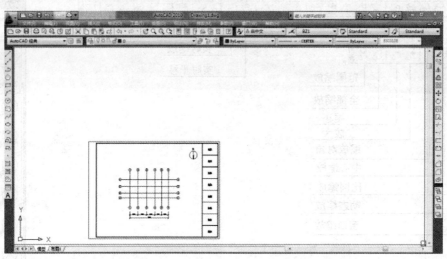

图1.37　"全部"显示结果

（2）"中心"：确定调整后视图的中心点，之后可以输入放大倍数（数值+X）或视图高度（数值）。图1.38所示是选定了图纸上轴网中心为"中心"、缩放倍数是10倍（10X）放大后的情况。

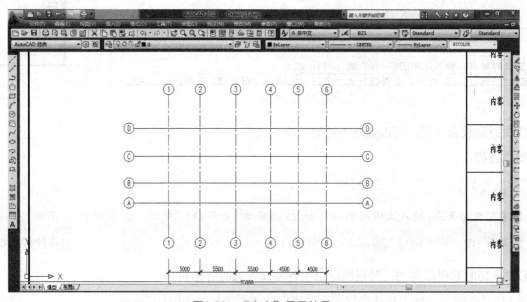

图1.38　"中心"显示结果

（3）"动态"：先临时显示全部图形，在此基础上构造视图框大小和位置。如图1.39（a）所示，先构造一个以"×"为中心点，位于图纸右上角的视图框，确定后显示结果如图1.39（b）所示。

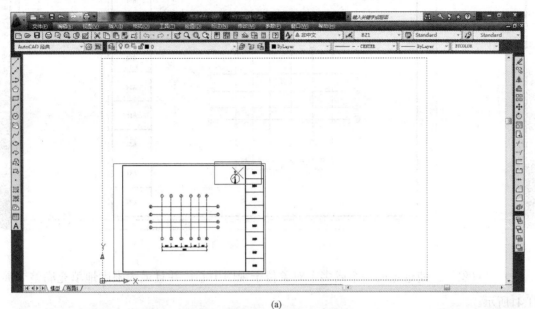

(a)

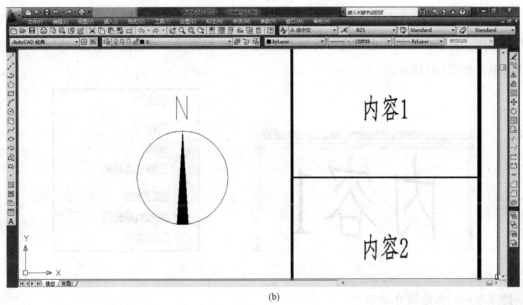

(b)

图1.39　视图命令操作
（a）构造视图框；（b）"动态"显示结果

（4）"范围"：显示包括全部图形范围内的图形实体，并最大限度地填充满整个屏幕，如图1.40所示。

（5）"上一个"：恢复上一次显示的图形视区。

（6）"比例"：视图中心点不变，之后可输入当前视图缩放倍数（数值+X）或相对于图形界限的倍数（数值）。与"中心"显示方式的区别在于视图中心点是否变化。

（7）"窗口"：用Windows框选的方式，指定一对对角点，选择视图区域。与"动态"显示方式的区别在于是否先确定视图的中心点。

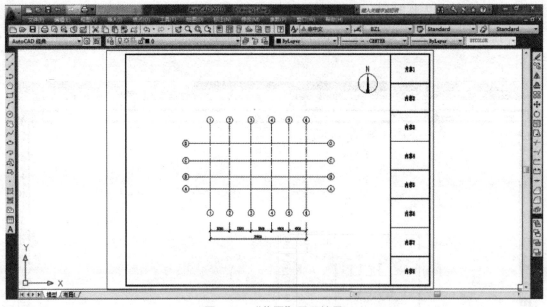

图1.40　"范围"显示结果

（8）"对象"：使选定的一个或多个对象位于视图中心，并且最大限度地填充满整个屏幕，如图1.41所示。

（9）"实时"：系统默认选项，根据不同后续操作，可分为两种情况：第一种情况，与"窗口"方式相同，直接在原视图上框选目标视图区域；第二种情况，单击鼠标右键，屏幕上会弹出一个快捷菜单，如图1.42所示。

图1.41　"对象"显示结果

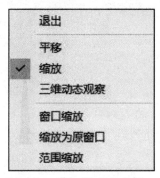

图1.42　"实时"快捷菜单

快捷菜单中的各选项介绍如下：

1）"平移"：启动视窗平移功能，光标会转变为手的形状，拖动鼠标可以让视图移动到相应位置。

2）"缩放"：选择此命令，将重新回到视图动态缩放的状态。

3）"三维动态观察"：选择此命令，可以对图形实体在三维空间内进行旋转和缩放。

4）"窗口缩放"：该命令和前述"窗口"选项类似。

5）"缩放为原窗口"：该命令与前述"上一个"选项相同。

6）"范围缩放"：该命令与前述"范围"选项相同。

2. 视图的平移

平移命令在不改变图形视图显示比例的情况下，观察当前图形的不同部位。该命令可以将视图上、下、左、右移动，而观察窗口的位置不变。执行视图平移的命令有以下两种途径：

（1）执行"视图"→"平移"命令；

（2）在命令行输入命令"pan"或按快捷键p启动命令。

执行实时平移后，屏幕会出现一个手形标志，用户可以向上、向下、向左、向右拖动图形，将图形移动到新的位置。

1.2.8　绘图辅助工具——动态输入

在AutoCAD中，使用动态输入功能可以在光标指针位置处显示输入和命令提示等信息，从而极大地方便了绘图过程。

1. 启用指针输入

在"草图设置"对话框的"动态输入"选项卡中，选中"启用指标输入"复选框可以启用指针输入功能，如图1.43所示。可以在"指针输入"选项组中单击 设置(S)... 按钮，使用打开的"指针输入设置"对话框设置指针的格式和可见性，如图1.44所示。

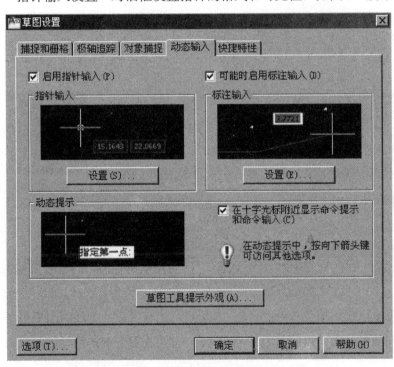

图1.43　"动态输入"选项卡

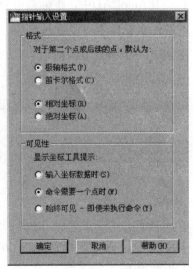

图1.44　"指针输入设置"对话框

2. 启用标注输入

在"草图设置"对话框的"动态输入"选项卡中，选中"可能时启用标注输入"复选框可以启用标注输入功能。在"标注输入"选项组中单击 设置(E)... 按钮，使用打开的"标注输入的设置"对话框可以设置标注的可见性，如图1.45所示。

3. 显示动态提示

在"草图设置"对话框的"动态输入"选项卡中，选中"动态提示"选项组中的"在十字光标附近显示命令提示和命令输入"复选框，可以在光标附近显示命令提示。

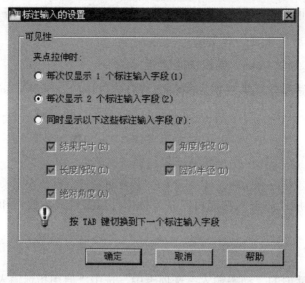

图1.45 "标注输入的设置"对话框

1.3 坐标系规定

在AutoCAD中,坐标系可分为世界坐标系(WCS)和用户坐标系(UCS)。这两种坐标系都可以通过坐标(x,y)来定位。在默认情况下,绘制新图形时将使用WCS,它包括X轴和Y轴(如果在三维空间工作,还有Z轴)。WCS坐标的标志位于图形窗口的左下角,所有的位移都是相对于原点计算的,并且沿X轴正向及Y轴正向的位移规定为正方向。

世界坐标系和
用户坐标系

1.3.1 世界坐标系

1. 直角坐标系

直角坐标系又称笛卡儿坐标系,以坐标原点(0,0,0)为基点定位输入点。创建的图形都基于XY平面,其中,X轴为水平方向的坐标轴,以向右为其正方向;Y轴为垂直方向的坐标轴,以向上为其正方向。

在直角坐标系中,平面上任何一点P都可以用X轴和Y轴的坐标所定义,即用一对坐标值(x,y)来定义一个点。例如,坐标(8,10)表示该点在X正方向与原点相距8个单位,在Y正方向与原点相距10个单位;坐标(−10,15)表示该点在X负方向与原点相距10个单位,在Y正方向与原点相距15个单位。在二维XY平面中输入坐标时,由于Z轴坐标为0,可以省去Z值,如图1.46所示。

2. 极坐标系

极坐标系由极点和极半径构成,如图1.47所示。使用距离和角度定位点,角度计量以水平向右为0°方向,逆时针计量角度。极坐标的表示方法为(距离<角度),距离和角度之间用"<"分隔。例如,(120<30)表示该点距离原点为120个单位,角度为与0°方向的夹角,为30°。

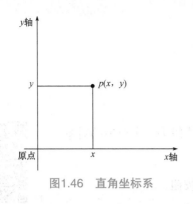

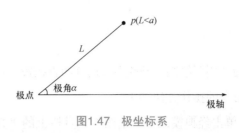

图1.46　直角坐标系　　　　　　　　　图1.47　极坐标系

3. 绝对坐标直角坐标系和极坐标系

点的绝对坐标是指相对于当前坐标系原点的坐标。在直角坐标下，绝对坐标用点的X、Y坐标值表示，坐标值之间用逗号隔开。例如，要输入一个点，其X、Y坐标分别为1 000、2 000，则在确定点的提示后输入：1 000，2 000。

在极坐标下，绝对坐标用坐标原点与所确定点之间的距离和这两点之间的连线与X轴正方向的夹角表示，具体表示方法为"距离＜角度"。例如，某点与坐标系原点的距离为30，坐标系原点与该点的连线与坐标系X轴正方向的夹角为30°，那么该点的极坐标为：30＜30。

4. 相对坐标系

在某些情况下，用户需要直接通过点与点之间的相对位置关系来定位，而不需要知道每个点的绝对坐标。为此，AutoCAD提供了相对坐标系的用法。

相对坐标系是在某点与参照点的相对位置关系的基础上建立的坐标系，相对坐标用"@"标识。相对坐标系可以使用相对直角坐标系，也可以使用相对极坐标系，还可以根据具体情况而定。

1.3.2　用户坐标系

在特殊情况下，利用世界坐标系绘图不方便，为了绘图方便，经常需要变换坐标系的原点和坐标轴的方向，此时用户会根据自己的需要设置一个新的参考坐标系，这个坐标系被称为用户坐标系（UCS），用户可以使用UCS命令进行定义、保存、恢复和移动等一系列操作。

执行"工具"→"新建UCS"命令，在弹出的子菜单中选择相应的选项创建用户坐标系，如图1.48所示。在命令行输入命令"ucs"也可以创建用户坐标系。

用户坐标系主要有以下三个方面的作用：

（1）调整坐标原点，方便进行标注等操作。

（2）调整坐标方向，方便绘制倾斜图形等。

（3）调整坐标方向，方便在布局中布置斜向图形。

创建用户坐标系后，可以对其进行命名与设置。

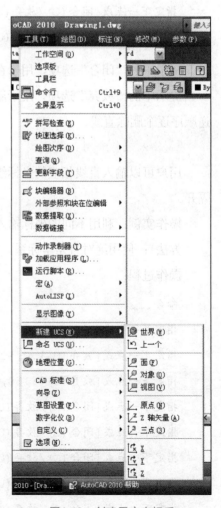

图1.48　创建用户坐标系

1.4 Line直线命令

直线命令用于绘制一条或多条连续的直线段，每条直线段为一个单独的对象。调用直线命令的操作方法如下：

(1) 单击经典模式下"绘图"工具栏上的"直线"按钮；

(2) 执行"常用"→"绘图"→"直线"命令；

(3) 在命令行输入命令"line"（快捷键i）。

line直线命令

常用绘制直线的方法有以下几种。

1. 用鼠标直接拾取

命令：l↙	
指定第一个点：	（鼠标在绘图区域单击一点作为直线的起点）
指定下一点或[放弃(U)]：	（鼠标在绘图区域单击第二点作为直线的终点）
指定下一点或[放弃(U)]：	（鼠标在绘图区域单击第三点作为第二条直线的终点）
指定下一点或[闭合(C)/放弃(U)]：	（继续单击点或选择闭合(C)/放弃(U)命令）
指定下一点或[闭合(C)/放弃(U)]：	（按Enter键或Space键结束命令）

提示中的"闭合"选项，用于在绘制一系列直线段之后，将其首尾闭合。

提示中的"放弃"选项，用于删除一系列直线中最新绘制的直线，多次输入后，按绘制顺序的逆顺序逐个删除直线。

2. 输入坐标绘制直线

用户可以输入直线相应的坐标绘制直线，可以采用绝对坐标与相对坐标方式，坐标之间用逗号隔开。

操作实例：利用不同的坐标输入方法画出图1.49所示的图形。

方法1：使用绝对直角坐标系。

操作过程：

命令：l↙	（执行"直线"命令）
指定第一个点：0,0↙	（起点坐标）
指定下一点或[放弃(U)]：0,90↙	
指定下一点或[放弃(U)]：150,90↙	
指定下一点或[闭合(C)/放弃(U)]：150,-60↙	
指定下一点或[闭合(C)/放弃(U)]：100,-60↙	
指定下一点或[闭合(C)/放弃(U)]：100,0↙	
指定下一点或[闭合(C)/放弃(U)]：0,0↙	
指定下一点或[闭合(C)/放弃(U)]：↙	（结束直线命令）

方法2：使用相对直角坐标系。

操作过程：

```
命令:1↙

指定第一个点:0,0↙

指定下一点或[放弃(U)]:@0,90↙

指定下一点或[放弃(U)]:@150,0↙

指定下一点或[闭合(C)/放弃(U)]:@0,-150↙

指定下一点或[闭合(C)/放弃(U)]:@-50,0↙

指定下一点或[闭合(C)/放弃(U)]:@0,60↙

指定下一点或[闭合(C)/放弃(U)]:@-100,0↙

指定下一点或[闭合(C)/放弃(U)]:↙                    (结束命令)
```

3. 输入距离绘制直线

操作实例：用输入距离的方式绘制如图1.50所示梁的截面。

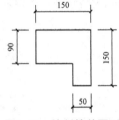

图1.49　绘制简单图形

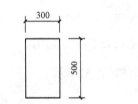

图1.50　用输入距离的方式绘制直线

操作过程：

```
命令:1↙

指定第一个点:                               (任意指定一点或输入确定坐标)

<正交  开>

指定下一点或[放弃(U)]:300↙

指定下一点或[放弃(U)]:500↙

指定下一点或[闭合(C)/放弃(U)]:300↙

指定下一点或[闭合(C)/放弃(U)]:c↙              (闭合)
```

1.5　Circle圆命令

调用圆命令的操作方法如下：

（1）单击经典模式下"绘图"工具栏上的"圆"按钮。

（2）执行"常用"→"绘图"→"圆"命令。

（3）在命令行输入命令"circle"（快捷键c）。

circle圆命令

根据不同的条件，绘制圆的方法有以下几种。

1. 以圆心、半径方式绘制圆

以圆心、半径方式绘制圆是系统默认的绘制圆的方式。

操作实例：绘制一个半径为400的圆。

操作过程：

```
命令:c↙

指定圆的圆心或[三点(3P)/两点(2P)/切点、切点、半径(T)]： (任意指定一点或输入确定坐标)

指定圆的半径或[直径(D)]:400↙
```

结果如图1.51所示。

2. 以圆心、直径方式绘制圆

操作实例：绘制一个直径为1 000的圆。

操作过程：

```
命令:c↙

指定圆的圆心或[三点(3P)/两点(2P)/切点、切点、半径(T)]: (任意指定一点或输入确定坐标)

指定圆的半径或[直径(D)]:d↙

指定圆的直径:1000↙
```

结果如图1.52所示。

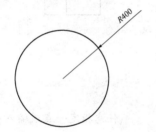

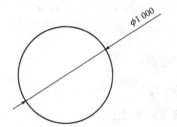

图1.51　以圆心、半径方式绘制圆　　　　　　图1.52　以圆心、直径方式绘制圆

3. 以两点方式绘制圆

以两点方式绘制圆是通过指定圆直径上的两个端点绘制圆。

操作实例：以直线AB和CD的中点为圆的两个端点绘制圆。

操作过程：

```
命令:c↙

指定圆的圆心或[三点(3P)/两点(2P)/切点、切点、半径(T)]:2p↙

指定圆直径的第一个端点：                    (捕捉直线AB的中点E)

指定圆直径的第二个端点：                    (捕捉直线CD的中点F)
```

结果如图1.53所示。

4. 以三点方式绘制圆

以三点方式绘制圆是通过指定圆周上的三个端点绘制圆。

操作过程:

> 命令:c↙
>
> 指定圆的圆心或[三点(3P)/两点(2P)/切点、切点、半径(T)]:3p↙
>
> 指定圆上的第一个点: (指定点1)
>
> 指定圆上的第二个点: (指定点2)
>
> 指定圆上的第三个点: (指定点3)

操作实例:绘制一个三角形的外接圆。

操作过程:

> 命令:1↙
>
> 指定第一个点: (鼠标在绘图区域单击一点作为直线的起点)
>
> 指定下一点或[放弃(U)]:   (鼠标在绘图区域单击第二点作为直线的终点)
>
> 指定下一点或[放弃(U)]:   (鼠标在绘图区域单击第三点作为第二条直线的终点)
>
> 指定下一点或[闭合(C)/放弃(U)]:c↙   (闭合)
>
> 命令:c↙
>
> 指定圆的圆心或[三点(3P)/两点(2P)/切点、切点、半径(T)]:3p↙
>
> 指定圆上的第一个点: (捕捉三角形的第一个角点)
>
> 指定圆上的第二个点: (捕捉三角形的第二个角点)
>
> 指定圆上的第三个点: (捕捉三角形的第三个角点)

结果如图1.54所示。

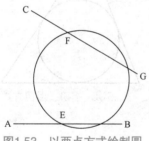

图1.53　以两点方式绘制圆

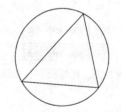

图1.54　以三点方式绘制圆

5. 以相切、相切、半径方式绘制圆

通过指定圆的两条切线和半径的方式绘制圆。

操作过程:

> 命令:c↙
>
> 指定圆的圆心或[三点(3P)/两点(2P)/切点、切点、半径(T)]:t↙
>
> 指定对象与圆的第一个切点: (选择切点1)
>
> 指定对象与圆的第二个切点: (选择切点2)
>
> 指定圆的半径<当前>:   (输入半径值)

6. 以相切、相切、相切方式绘制圆

通过确定与圆相切的三个图形的方式绘制圆。这种方式不能通过绘图工具栏和命令栏来执行,只能通过绘图菜单"圆"的下拉菜单来执行，如图1.55所示。

操作实例：绘制一个三角形的外切圆。

操作过程：

```
命令:l↙
指定第一个点:                              (鼠标在绘图区域单击一点作为直线的起点)
指定下一点或[放弃(U)]:                     (鼠标在绘图区域单击第二点作为直线的终点)
指定下一点或[放弃(U)]:                     (鼠标在绘图区域单击第三点作为第二条直线的终点)
指定下一点或[闭合(C)/放弃(U)]:c↙          (闭合)
命令:circle↙
指定圆的圆心或[三点(3P)/两点(2P)/切点、切点、半径(T)]:_3p↙
指定圆上的第一个点:_tan到                   (捕捉到第一条相切边)
指定圆上的第二个点:_tan到                   (捕捉到第二条相切边)
指定圆上的第三个点:_tan到                   (捕捉到第三条相切边)
```

结果如图1.56所示。

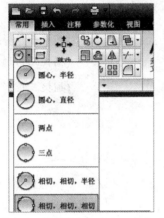

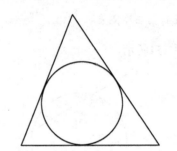

图1.55　选择相切、相切、相切方式　　　图1.56　以相切、相切、相切方式绘制圆

1.6　实训操作1——绘制三角形和标高符号

1. 绘制正三角形

利用直线命令绘制如图1.57所示的三角形。

操作过程：

方法1：使用绝对坐标系。

操作过程：

绘制三角形和标高符号

```
命令:line↙
指定第一个点:0,0↙                                              (指定A点)
```

指定下一点或[放弃(U)]:100,0↙	(指定B点)
指定下一点或[放弃(U)]:100<60↙	(指定C点)
指定下一点或[闭合(C)/放弃(U)]:C↙	

方法2：使用相对坐标系。

操作过程：

命令:line↙	
指定第一个点：	(任意指定一点)
指定下一点或[放弃(U)]:@100,0↙	(指定B点)
指定下一点或[放弃(U)]:@100<120↙	(指定C点)
指定下一点或[闭合(C)/放弃(U)]:C↙	

2. 绘制标高符号

绘制如图1.58（a）所示的标高符号有很多方法，这里介绍其中的一种方法，操作过程中描述的内容如图1.58（b）所示。

操作过程：

命令:l↙	(绘制一条水平直线AB)
命令:co↙	(运行复制命令)
选择对象:找到1个↙	(选中直线AB)
指定基点或[位移(D)/模式(O)]<位移>:d	(调整为位移模式)
指定位移<0.0000,0.0000,0.0000>:@300,-300	(使用相对位置向下、向右300,复制绘制出CD)
命令:l↙	(绘制线段AC)
命令:mi↙	(镜像线段AC,以此绘制出线段CE)
命令:e↙	(删除辅助线CD)
命令:t↙	(输入标高数字)

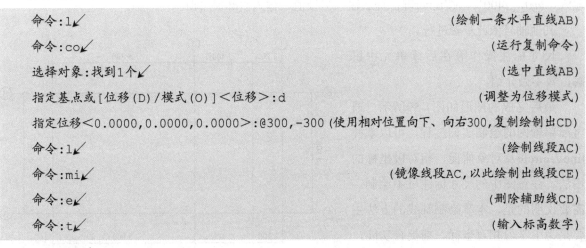

图1.57　绘制正三角形　　　　　　　　图1.58　绘制标高符号

1.7　实训操作2——绘制矩形建筑轴网

本实训操作采用1.8中的矩形轴网，为绘制简单矩形建筑轴网，一是采用line命令，二是采用"捕捉自"功能实现轴线之间的距离关系。确定主要步骤如下：

简单轴网的画法

第1步：在AutoCAD默认环境下绘图，即在0层上简单绘图。应明确绘图比例为1∶1、出图比例为1∶100的概念。

第2步：绘制轴线①，长度为7 000，采用line命令。

执行line命令，第1点在屏幕上任意单击，然后打开正交模式（F8），鼠标给出方向（向上或向下），输入7 000，按Enter键或Space键。或者在第1点由鼠标单击获得后，输入"@0，7 000"（或"@0，−7 000"），即相对极坐标下的坐标格式。

第3步：绘制轴线②。

执行line命令，执行"捕捉自"命令，然后选择轴号①端点为基点，出现"偏移"提示后，输入"@1 200，0"，按Enter键即可获得轴线②的起点；第二点的确定可由在正交状态下输入"7 000"，或者输入"@0，7 000"完成。

其他轴线依此步骤进行。

第4步，采用cirlce命令绘制轴号，在1∶100出图比例下，轴号圆圈直径按8（图纸尺寸）×100=800即可；同时，以1个CAD图形单位=1绘图，即绘图比例1∶1的体现。

执行circle命令后，执行"捕捉自"命令，然后选择轴号端点为基点，出现"偏移"提示后，输入"@0，−400"，按Enter键；提示输入半径值，输入"400"即可。

其他轴号依此步骤进行。

尺寸标注操作等在后续单元中讲解，暂不做介绍。

最后完成的图形如图1.59所示。通过简单轴网的绘制实训过程，可以掌握line、circle及对象捕捉、相对极坐标的用法。注意图中的尺寸标注可不绘制。需要说明的是，本节绘制轴线的方法主要是为了学习相对坐标、捕捉自功能，后续单元还会学习绘制轴网的更便捷、更实用的做法。

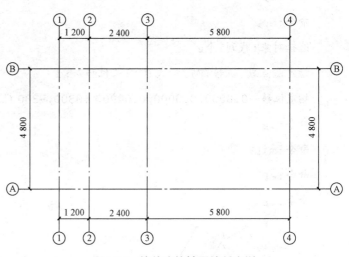

图1.59　简单建筑轴网绘制实训

1.8　本单元附图——某值班室建筑结构施工图

本值班室为一层单体砖混结构，共有附图6张，其中建筑施工图4张、结构施工图2张，如图1.60～图1.65所示，特点为建筑结构构成简单。可用简单AutoCAD命令绘制，是初学者较好的入门资料。

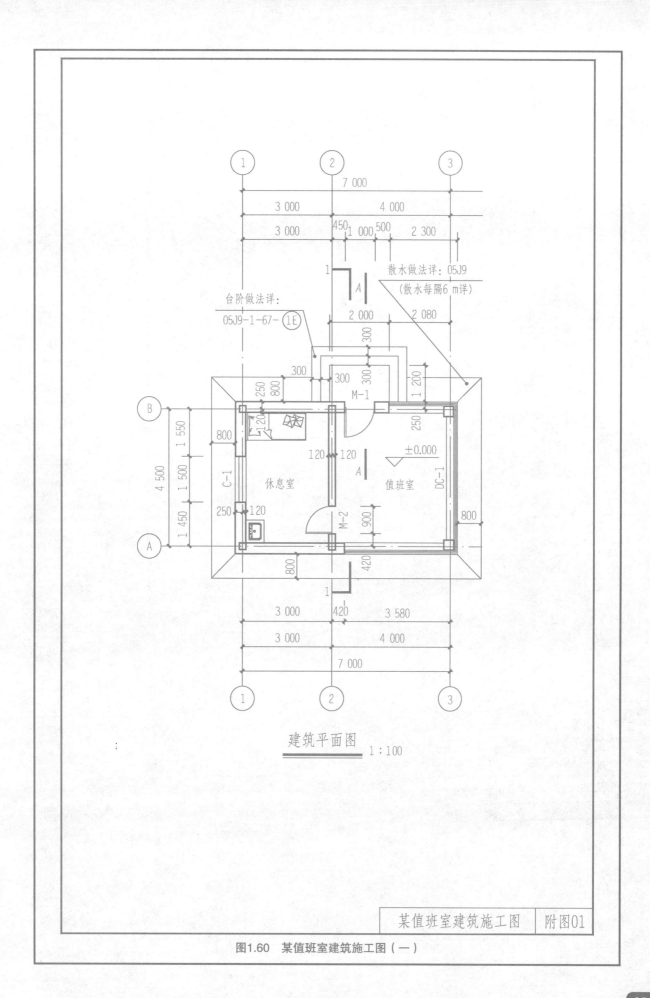

建筑平面图 1:100

图1.60 某值班室建筑施工图（一）

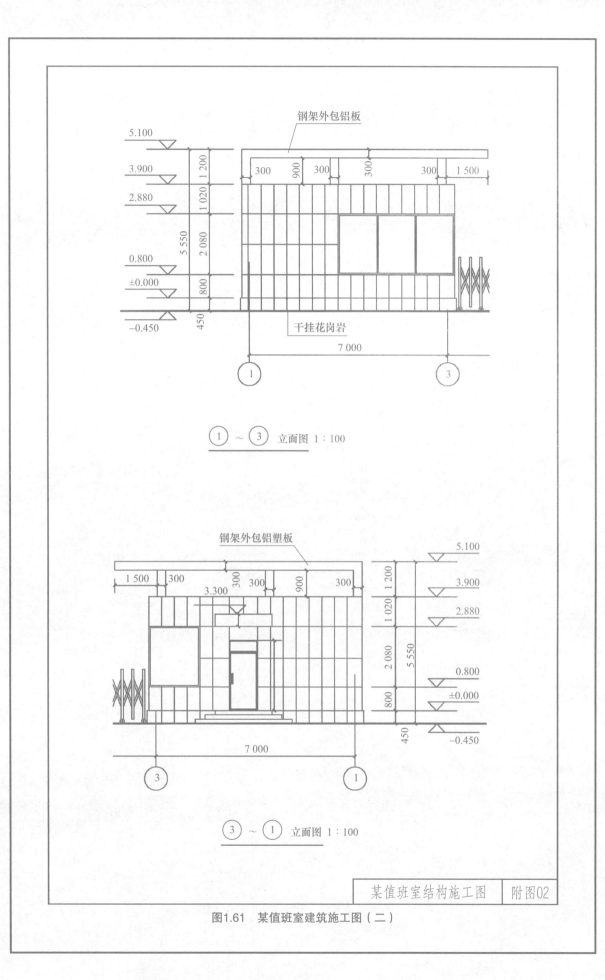

某值班室结构施工图 附图02

图1.61　某值班室建筑施工图（二）

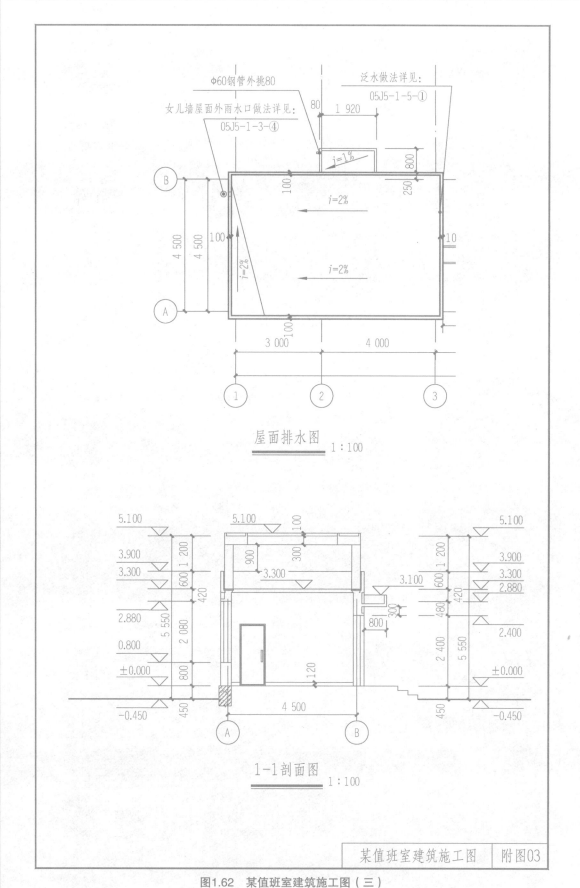

Φ60钢管外挑80

泛水做法详见：
05J5-1-5-①

女儿墙屋面外雨水口做法详见：
05J5-1-3-④

i=1%

i=2%

i=2%

i=2%

屋面排水图 ___1:100___

1-1剖面图 ___1:100___

某值班室建筑施工图 | 附图03

图1.62　某值班室建筑施工图（三）

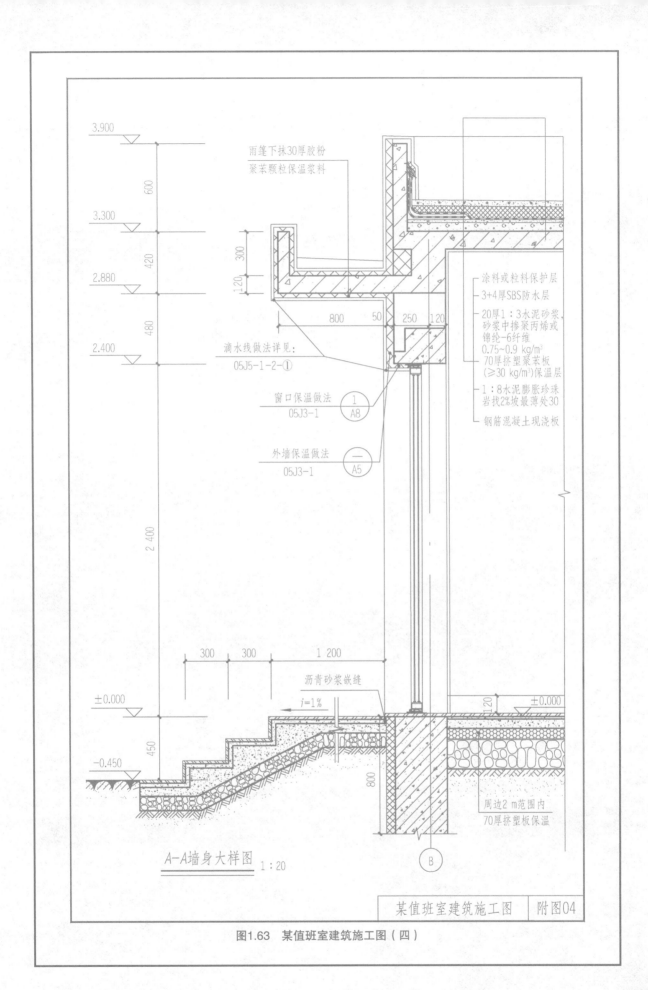

雨篷下抹30厚胶粉
聚苯颗粒保温浆料

涂料或粒料保护层
3+4厚SBS防水层
20厚1:3水泥砂浆，
砂浆中掺聚丙烯或
锦纶-6纤维
0.75~0.9 kg/m³
70厚挤塑聚苯板
(≥30 kg/m³)保温层
1:8水泥膨胀珍珠
岩找2%坡最薄处30
钢筋混凝土现浇板

滴水线做法详见：
05J5-1-2-①

窗口保温做法 ①
05J3-1   A8

外墙保温做法 一
05J3-1   A5

沥青砂浆嵌缝

i=1%

±0.000

-0.450

周边2 m范围内
70厚挤塑板保温

A-A墙身大样图 1:20

某值班室建筑施工图 | 附图04

图1.63 某值班室建筑施工图（四）

基础设计说明

本工程基础根据某市建筑勘测设计院提供的地质报告进行设计，值班室、Z-2基础持力层可选粉层（第二层），f_{ak}=120 kPa；Z-1基础持力层为粉岩，f_{ak}=220 kPa。

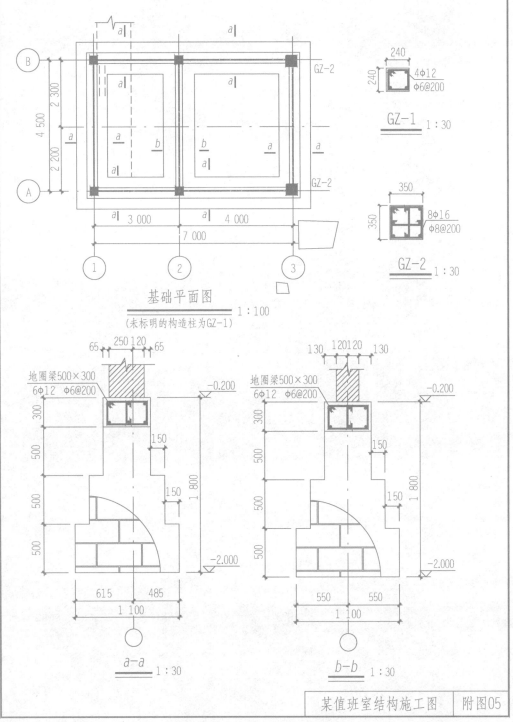

基础平面图   1:100

（未标明的构造柱为GZ-1）

GZ-1   1:30

GZ-2   1:30

a—a   1:30

b—b   1:30

| 某值班室结构施工图 | 附图05 |

图1.64 某值班室建筑施工图（五）

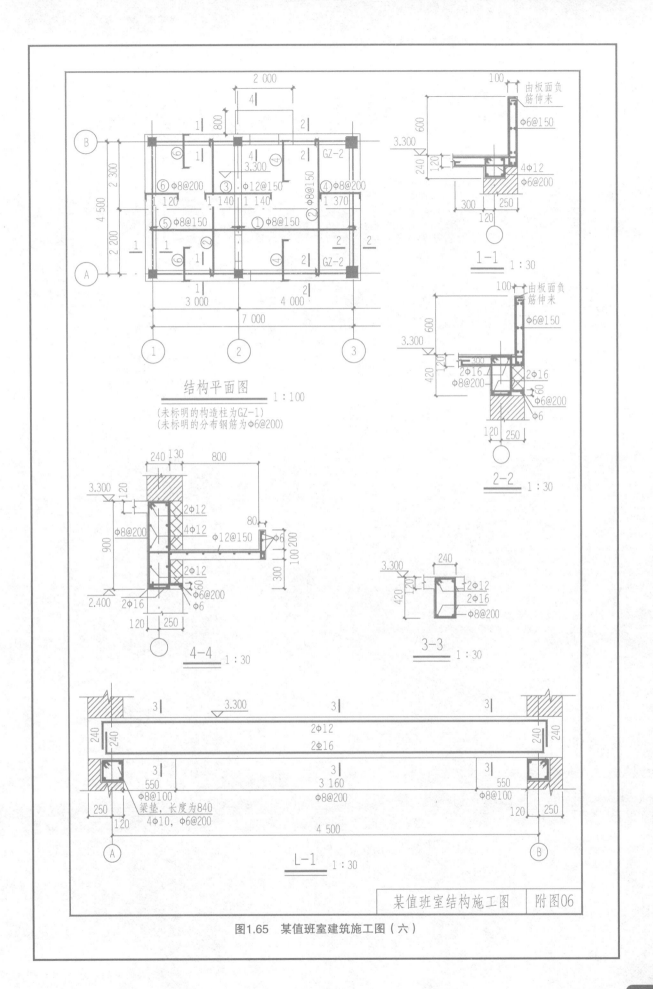

结构平面图 1:100

（未标明的构造柱为GZ-1）
（未标明的分布钢筋为Φ6@200）

1-1 1:30

2-2 1:30

4-4 1:30

3-3 1:30

L-1 1:30

| 某值班室结构施工图 | 附图06 |

图1.65　某值班室建筑施工图（六）

单元2 矩形、多线及复制、移动命令

2.1 Rectangle 矩形命令

矩形命令用于绘制矩形或正方形。调用矩形命令的操作方法如下：

（1）单击经典模式下"绘图"工具栏上的"矩形"按钮。

（2）执行"常用"→"绘图"→"矩形"命令。

（3）在命令行输入命令"rectangle"（快捷键rec）。

rectangle矩形命令

绘制矩形的方法有如下几种。

1. 直接根据两个对角点绘制矩形

操作过程：

命令:rec↙

指定第一个角点或[倒角(C)/标高(E)/圆角(F)/厚度(T)/宽度(W)]:　　　(指定第一个角点)

指定另一个角点或[面积(A)/尺寸(D)/旋转(R)]:　　　　　　　　　　(指定对角点)

2. 根据长和宽绘制矩形

操作实例：绘制长边为420、短边为297的矩形。

操作过程：

命令:rec↙

指定第一个角点或[倒角(C)/标高(E)/圆角(F)/厚度(T)/宽度(W)]:　　　(指定第一个角点)

指定另一个角点或[面积(A)/尺寸(D)/旋转(R)]:D↙　　　　　　(选择尺寸选项)

指定矩形的长度<10.0000>:420↙　　　(输入长边尺寸,默认值为上一个矩形的尺寸)

指定矩形的宽度<10.0000>:297↙　　　　　　　　(输入短边尺寸)

指定另一个角点或[面积(A)/尺寸(D)/旋转(R)]:　　　　　(单击鼠标指定一定位点)

绘制结果如图2.1所示。

3. 根据面积绘制矩形

操作实例：绘制面积为500、长边为50的矩形。

操作过程：

命令:rec↙

指定第一个角点或[倒角(C)/标高(E)/圆角(F)/厚度(T)/宽度(W)]:　　　　　（指定第一个角点）

指定另一个角点或[面积(A)/尺寸(D)/旋转(R)]:A↙　　　　　　　　　　（选择面积选项）

输入以当前单位计算的矩形面积<0.0000>:500↙

计算矩形标注时依据[长度(L)/宽度(W)]<长度>:↙　　　（系统默认为长度,也可选择宽度W选项）

输入矩形长度<0.0000>:50↙

绘制结果如图2.2所示。

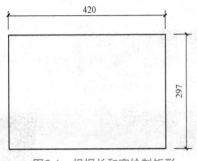

图2.1　根据长和宽绘制矩形

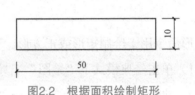

图2.2　根据面积绘制矩形

4. 直接绘制带有倒角或圆角的矩形

（1）如果需要绘制带有倒角的矩形，则在出现"指定第一个角点或［倒角（C）/标高（E）/圆角（F）/厚度（T）/宽度（W）］:"时选择"倒角（C）"一项。

命令行出现提示"指定矩形的第一个倒角距离<0.0000>:"，则在命令行输入第一个倒角端点到矩形两边交点的长度并按Enter键确认。

命令行出现提示"指定矩形的第二个倒角距离<0.0000>:"，则在命令行输入第二个倒角端点到矩形两边交点的长度并按Enter键确认。

操作实例：绘制倒角均为10且长边边长为80、短边边长为50的矩形。

操作过程：

命令:rec↙

指定第一个角点或[倒角(C)/标高(E)/圆角(F)/厚度(T)/宽度(W)]:c↙

指定矩形的第一个倒角距离<0.0000>:10↙　　　　　　　（指定第一个倒角距离）

指定矩形的第二个倒角距离<10.0000>:10↙　　　　　　（指定第二个倒角距离）

指定第一个角点或[倒角(C)/标高(E)/圆角(F)/厚度(T)/宽度(W)]:　　（指定第一个角点）

指定另一个角点或[面积(A)/尺寸(D)/旋转(R)]:d↙　　　　　　（选择尺寸选项）

指定矩形的长度<0.0000>:80↙　　　　　　　　　　　（输入长边尺寸）

指定矩形的宽度<0.0000>:50↙　　　　　　　　　　　（输入短边尺寸）

指定另一个角点或[面积(A)/尺寸(D)/旋转(R)]:　　　　　（单击指定一定位点）

绘制结果如图2.3所示。

（2）如果需要绘制带有圆角的矩形，则在出现"指定第一个角点或［倒角（C）/标高（E）/圆角（F）/厚度（T）/宽度（W）］:"时选择"圆角（F）"一项。

命令行出现提示"矩形的圆角半径<0.000 0>："，则在命令行输入圆角半径并按Enter键确认。

操作实例：绘制圆角半径为30且长边为200、短边为120的矩形。

操作过程：

```
命令:rec↙
指定第一个角点或[倒角(C)/标高(E)/圆角(F)/厚度(T)/宽度(W)]:f↙
指定矩形的圆角半径<0.0000>:30↙
指定第一个角点或[倒角(C)/标高(E)/圆角(F)/厚度(T)/宽度(W)]:       (指定第一个角点)
指定另一个角点或[面积(A)/尺寸(D)/旋转(R)]:d↙                    (选择尺寸选项)
指定矩形的长度<0.0000>:200↙                                  (输入长边尺寸)
指定矩形的宽度<0.0000>:120↙                                  (输入短边尺寸)
指定另一个角点或[面积(A)/尺寸(D)/旋转(R)]:                      (单击指定一定位点)
```

绘制结果如图2.4所示。

需要说明的是，系统会自动以最后一次命令的参数作为默认参数，如果要绘制完整的矩形，需要将倒角和圆角参数重新设置为0。

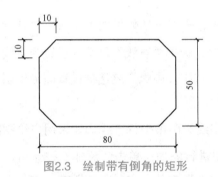

图2.3　绘制带有倒角的矩形

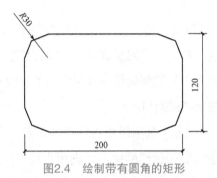

图2.4　绘制带有圆角的矩形

2.2　Multiline多线命令

绘制建筑工程图时，有时需要绘制多条平行线，即经常会出现由两条或两条以上直线构成的相互平行的直线，如墙体等，这些对象可以使用多线命令来实现。绘制多线之前，可以对多线样式进行设置，以实现绘图目标。

2.2.1　设置多线样式

"多线样式设置"的操作方法如下：

（1）执行经典模式下的"格式"→"多线样式"命令；

（2）在命令行输入命令"mlstyle"。

设置多线样式

执行mlstyle命令后，系统会弹出"多线样式"对话框。单击"新建"按钮，系统会弹出"创建新的多线样式"对话框,输入新样式名后,单击"继续"按钮,系统会弹出如图2.5所示的"新建多线样式"对话框。

1)"说明"文本框中可以添加说明文字,对创建的多线样式进行详细描述。

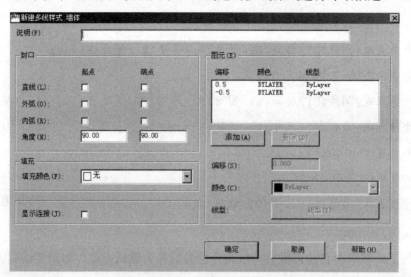

图2.5 "新建多线样式"对话框

2)"封口"选项组用来设置多线的封口方式,有"直线""外弧"和"内弧"三种方式,用户可以选中相应方式的复选框,选中完毕后可以进行预览。选中"直线"复选框设置为直线封口;选中"外弧"复选框设置最外层的两条直线用圆弧封口;选中"内弧"复选框设置除最外层的直线外的直线用圆弧封口。

3)"图元"选项组中可以添加元素,系统默认的多线为两条平行直线,如果用户绘制的多线多于两条,如带轴线的梁线,则可以通过 添加(A) 按钮进行添加。单击"添加"按钮后,可以对多线的"偏移""颜色"和"线型"进行设置。"偏移"为距多线起点的偏移距离,其与多线的距离有关,多线的距离为"上下总偏移量"与"比例"的乘积。"比例"为绘制多线的一个要素,用户可以自己设置。单击"删除"按钮,可以删除选定的元素。

例如,绘制一段宽为240的墙体,用户可以新建如图2.6所示的多线样式。图2.6所示的样式为默认样式,可以不设置直接使用。

由于墙的厚度为上下偏移总量与比例的乘积,因此绘制多线时将"比例"设置为240,即可以绘制厚度为240的墙体,结果如图2.6所示。绘制其他厚度的墙体遵循同样的设置过程即可。

4)"填充"选项组可以设置多线背景填充颜色。

5)"显示连接"复选框表示绘制的多线拐角点是否用直线连接。

图2.6 利用多线命令绘制墙线体

设置完毕后,单击"确定"按钮,返回"多线样式"对话框,用户可以将设置好的多线样式保存。如果设置了多种多线样式,需将拟用的多线样式置为当前,即可以开始绘制多线。

2.2.2 绘制多线

调用多线命令的操作方法如下:

绘制多线

（1）执行经典模式下的"绘图"→"多线"命令；

（2）在命令行输入命令"mline"（快捷键ml）。

操作过程：

```
命令:mline↙

当前设置:对正=上,比例=20.00,样式=STANDARD

指定起点或[对正(J)/比例(S)/样式(ST)]:
```

（1）"对正"：用于确定鼠标拾取点与绘制的多线的对正方式。输入"j"后，系统会进行如下提示："输入对正类型［上（T）/无（Z）/下（B）］<上>："。其中，"上"对正方式表示在光标下方绘制多线，即绘制多线时起点与设置的多线上边重合；"无"对正方式表示将光标作为原点绘制多线，即绘制多线时将"元素特性"偏移为0的元素作为拾取点；"下"对正方式表示在光标上方绘制多线，即绘制多线时多线起点与设置的多线下边重合。系统默认的对正方式为"上"。

（2）"比例"：用于控制多线的全局宽度。输入"s"后，系统会进行如下提示："输入多线比例<20.00>："，如前所述，多线的实际宽度为"元素特性"的"上下总偏移量"与"比例"的乘积，该比例与线型本身的比例无关。

（3）"样式"：用于指定多线的样式。输入"st"后，系统会进行如下提示："输入多线样式名或［?］："，可以指定已加载的或创建的多线样式。

操作实例：绘制如图2.7所示的梁线，其中主梁宽度为400，次梁宽度为250。

设置梁线的多线样式，设置结果如图2.8所示，并置为当前。

操作过程：

```
命令:ml↙

当前设置:对正=上,比例=20.00,样式=梁线

指定起点或[对正(J)/比例(S)/样式(ST)]:j↙              (选择对正方式)

输入对正类型[上(T)/无(Z)/下(B)]<无>:↙              (选择"无"对正方式)

当前设置:对正=无,比例=250.00,样式=梁线

指定起点或[对正(J)/比例(S)/样式(ST)]:s↙              (选择多线比例)

输入多线比例<20.00>:250↙                          (指定次梁宽度)

当前设置:对正=无,比例=250.00,样式=梁线

指定起点或[对正(J)/比例(S)/样式(ST)]:              (指定上部第一根次梁起点)

指定下一点:6300↙                                  (指定上部第一根次梁端点)

指定下一点或[放弃(U)]:↙                            (结束命令)

命令:ml↙

当前设置:对正=无,比例=250.00,样式=梁线

指定起点或[对正(J)/比例(S)/样式(ST)]:

[捕捉到上部第一根次梁起点,鼠标向下输入2100(利用对象追踪方式指定上部第二根次梁起点)]

指定下一点:6300↙                                  (指定上部第二根次梁端点)

指定下一点或[放弃(U)]:↙                            (结束命令)
```

命令:ml↙

当前设置:对正=无,比例=250.00,样式=梁线

指定起点或[对正(J)/比例(S)/样式(ST)]:

[捕捉到上部第二根次梁起点,鼠标向下输入2100(利用对象追踪方式指定上部第三根次梁起点)]

指定下一点:6300↙   (指定上部第三根次梁端点)

指定下一点或[放弃(U)]:↙   (结束命令)

命令:ml↙

当前设置:对正=无,比例=250.00,样式=梁线

指定起点或[对正(J)/比例(S)/样式(ST)]:

　　　　[捕捉到上部第三根次梁起点,鼠标向下输入2100(利用对象追踪方式指定第四根次梁起点)]

指定下一点:6300↙   (指定上部第四根次梁端点)

指定下一点或[放弃(U)]:↙   (结束命令)

命令:ml↙

当前设置:对正=无,比例=250.00,样式=梁线

指定起点或[对正(J)/比例(S)/样式(ST)]:s↙   [选择多线比例(当前比例为上一多线比例)]

输入多线比例<200.00>:400↙   (指定主梁宽度)

指定起点或[对正(J)/比例(S)/样式(ST)]:

                                    (捕捉到上部第一根次梁起点,作为左边主梁的起点)

指定下一点:6300↙   (左边主梁的端点)

指定下一点或[放弃(U)]:↙   (结束命令)

命令:ml↙

当前设置:对正=无,比例=400.00,样式=梁线

指定起点或[对正(J)/比例(S)/样式(ST)]:   (捕捉到上部第一根次梁端点,作为右边主梁的起点)

指定下一点:6300↙   (右边主梁的端点)

指定下一点或[放弃(U)]:↙   (结束命令)

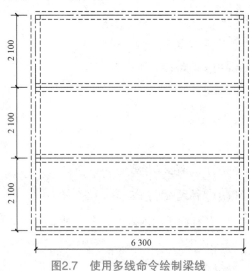

图2.7　使用多线命令绘制梁线

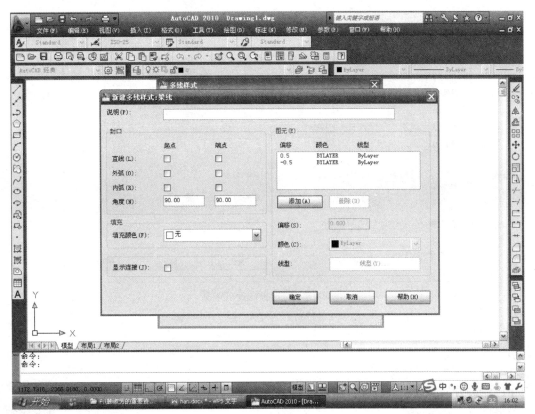

图2.8　设置梁线的多线样式

操作实例：绘制如图2.9所示的平面窗户。

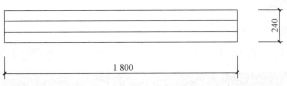

图2.9　使用多线命令绘制平面窗户

设置窗户的多线样式，设置结果如图2.10所示，并置为当前。

操作过程：

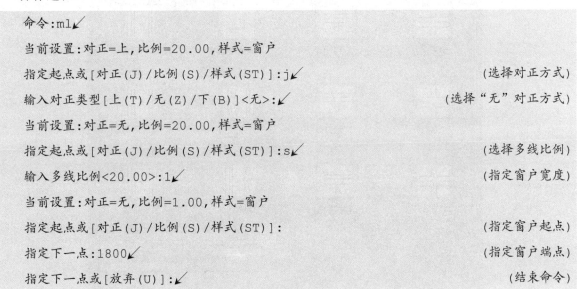

命令:ml↙

当前设置:对正=上,比例=20.00,样式=窗户

指定起点或[对正(J)/比例(S)/样式(ST)]:j↙　　　　　　　　　　　　(选择对正方式)

输入对正类型[上(T)/无(Z)/下(B)]<无>:↙　　　　　　　　　　　(选择"无"对正方式)

当前设置:对正=无,比例=20.00,样式=窗户

指定起点或[对正(J)/比例(S)/样式(ST)]:s↙　　　　　　　　　　　　(选择多线比例)

输入多线比例<20.00>:1↙　　　　　　　　　　　　　　　　　　　(指定窗户宽度)

当前设置:对正=无,比例=1.00,样式=窗户

指定起点或[对正(J)/比例(S)/样式(ST)]:　　　　　　　　　　　　　(指定窗户起点)

指定下一点:1800↙　　　　　　　　　　　　　　　　　　　　　　　(指定窗户端点)

指定下一点或[放弃(U)]:↙　　　　　　　　　　　　　　　　　　　(结束命令)

图2.10　窗户多线样式设置

2.2.3　编辑多线

对于已绘制好的多线，可以根据需要进行编辑操作。

编辑多线的操作方法如下：

（1）执行经典模式下的"修改"→"对象"→"多线"命令；

（2）双击绘制好的多线；

（3）在命令行输入命令"mledit"。

编辑多线

执行编辑多线的命令后，将弹出"多线编辑工具"对话框，如图2.11所示。

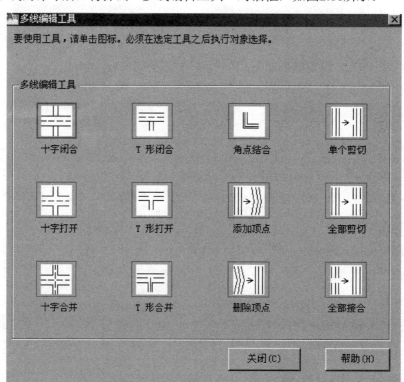

图2.11　"多线编辑工具"对话框

如图2.11所示，该对话框的第一列处理十字交叉的多线；第二列处理T形相交的直线；第三列处理角点结合和顶点；第四列处理多线的剪切和接合。

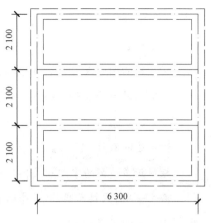

执行多线编辑的命令后，AutoCAD提示：选择第一条多线：鼠标单击的第一条多线为要修剪或延伸的对象；选择第二条多线：与第一条多线相交的多线。如果有多个多线需要相同的编辑，则继续选择直到不需要为止。

图2.12所示为在图2.7基础上对其主次梁连接处编辑后的结果。

如无法用多线编辑的命令实现对多线连接处的编辑，则需将多线分解后再进行编辑。

图2.12 使用多线编辑命令修改梁线

2.3 Polygon正多边形命令

利用正多边形命令可以创建包含3～1 024条等边的闭合正多边形，绘制的多边形是独立对象。

调用正多边形命令的操作方法如下：

（1）单击经典模式下"绘图"工具栏上的"正多边形"按钮；

（2）执行"常用"→"绘图"→"正多边形"命令；

（3）在命令行输入命令"polygon"（快捷键pol）。

polygon正多边形命令

绘制正多边形的方法有如下3种。

1. 以正多边形的外接圆绘制正多边形

操作实例：绘制半径为200的圆内接正八边形。

操作过程：

```
命令:c↙
指定圆的圆心或[三点(3P)/两点(2P)/切点、切点、半径(T)]:      (指定圆心)
指定圆的半径或[直径(D)]:200↙                                (输入半径)
命令:pol↙
输入边的数目<4>:8↙                                          (默认为正四边形)
指定正多边形的中心点或[边(E)]:                              (捕捉圆心)
输入选项[内接于圆(I)/外切于圆(C)]<I>:          (默认为I,可直接按Enter键)
指定圆的半径:200↙
```

绘制结果如图2.13所示。

2. 以正多边形的内切圆绘制正多边形

操作实例：绘制半径为150的圆内切正六边形。

操作过程：

命令：c↙

指定圆的圆心或[三点(3P)/两点(2P)/切点、切点、半径(T)]：   (指定圆心)

指定圆的半径或[直径(D)]：150↙   (输入半径)

命令：pol↙

输入边的数目<4>：6↙   (默认为正四边形)

指定正多边形的中心点或[边(E)]：   (捕捉圆心)

输入选项[内接于圆(I)/外切于圆(C)]<I>：c↙   (默认为I)

指定圆的半径：150↙

绘制结果如图2.14所示。

3. 以指定正多边形的边长绘制正多边形

操作实例：绘制边长为100的正六边形。

操作过程：

命令：pol↙

输入边的数目<4>：6↙   (默认为正四边形)

指定正多边形的中心点或[边(E)]：e↙

指定边的第一个端点：   (指定第一个端点)

指定边的第二个端点：<正交开>100↙   (输入边长)

绘制结果如图2.15所示。

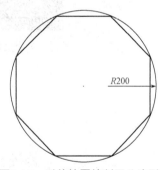
图2.13　以外接圆绘制正八边形

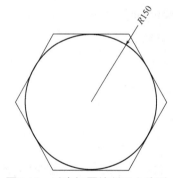
图2.14　以内切圆绘制正六边形

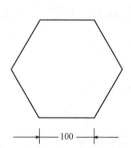
图2.15　以指定边长绘制正六边形

2.4　Copy复制命令

复制命令是将所选对象进行一次或多次复制的操作过程。复制对象后，原先位置的对象仍然存在。调用复制命令的操作方法如下：

（1）单击经典模式下"修改"工具栏中的"复制"按钮 ；

copy复制命令

56

（2）执行经典模式下的"修改"→"复制"命令；

（3）执行"常用"→"修改"→"复制"命令；

（4）在命令行输入命令"copy"（快捷键co）。

操作过程：

命令：co↙

选择对象：找到1个

选择对象：

当前设置：复制模式=多个

指定基点或[位移(D)/模式(O)]<位移>：　　　　　　　　[指定基点(基点即为新位置的插入点)]

指定第二个点或<使用第一个点作为位移>：　　　　　　　（单击指定位置）

指定第二个点或[退出(E)/放弃(U)]<退出>：　　　　　　（按Enter键结束命令）

操作实例：利用复制命令绘制如图2.16所示的轴网。

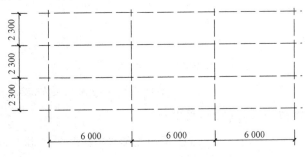

图2.16　利用复制命令绘制轴网

操作过程：

命令：1↙

指定第一个点：　　　　　　　　　　　　　　　　　　　（任意指定一点）

指定下一点或[放弃(U)]：30100↙　　　　　　　　　　（绘制上方第1条轴线）

指定下一点或[放弃(U)]：↙　　　　　　　　　　　　　（结束命令）

命令：co↙

选择对象：找到1个

选择对象：↙

当前设置：复制模式=多个

指定基点或[位移(D)/模式(O)]<位移>：　　　　　　　　（捕捉轴线中点为基点）

指定第二个点或<使用第一个点作为位移>：

　　　　　　　　　　　　　　（鼠标光标移向轴线下方，输入2300，复制第2条　轴线）

指定第二个点或[退出(E)/放弃(U)]<退出>：

　　　　　　　　　　　　　　（鼠标光标移向轴线下方，输入4600，复制第3条轴线）

指定第二个点或[退出(E)/放弃(U)]<退出>：

　　　　　　　　　　　　　　（鼠标光标移向轴线下方，输入6900，复制第4条轴线）

指定第二个点或[退出(E)/放弃(U)]<退出>:

(鼠标光标移向轴线下方,输入9200,复制第5条 轴线)

指定第二个点或[退出(E)/放弃(U)]<退出>:

(鼠标光标移向轴线下方,输入11500,复制第6条轴线)

指定第二个点或[退出(E)/放弃(U)]<退出>:↙   (结束命令)

命令:1↙

指定第一个点: (指定A点)

指定下一点或[放弃(U)]:   (指定B点,绘制左边第1条轴线)

指定下一点或[放弃(U)]:↙   (结束命令)

命令:CO↙

选择对象:找到1个

选择对象:↙

当前设置:复制模式=多个

指定基点或[位移(D)/模式(O)]<位移>:   (捕捉轴线中点为基点)

指定第二个点或<使用第一个点作为位移>:

(鼠标光标移向轴线左方,输入6000,复制第2条 轴线)

指定第二个点或[退出(E)/放弃(U)]<退出>:

(鼠标光标移向轴线左方,输入12000,复制第3条 轴线)

指定第二个点或[退出(E)/放弃(U)]<退出>:

(鼠标光标移向轴线左方,输入18000,复制第4条轴线)

指定第二个点或[退出(E)/放弃(U)]<退出>:

(鼠标光标移向轴线左方,输入24000,复制第5条轴线)

指定第二个点或[退出(E)/放弃(U)]<退出>:↙   (结束命令)

2.5 Move移动命令

移动对象是将选中的对象从原来的位置移动到用户指定的其他位置上。对象移动后,原位置的对象将被删除,在新的位置上出现该对象。调用移动命令的操作方法如下:

(1)单击经典模式下"修改"工具栏中的"移动"按钮✛;

(2)执行经典模式下的"修改"→"移动"命令;

(3)执行"常用"→"修改"→"移动"命令;

(4)在命令行输入命令"move"(快捷键m)。

move移动命令

操作过程：

> 命令:m↵
>
> 选择对象:找到1个
>
> 选择对象:找到1个,总计2个
>
> 选择对象:
>
> 指定基点或[位移(D)]<位移>:　　　　　　　　　　[指定基点(基点即为新位置的插入点)]
>
> 指定第二个点或<使用第一个点作为位移>:　　　　　　　　　　　　(指定新位置)

操作实例：将图2.17（a）所示的集中荷载移动到梁中点B。

操作过程：

> 命令:move↵
>
> 选择对象:　　　　　　　　　　　　　　　　　　　　　(选择"集中荷载")
>
> 选择对象:↵
>
> 指定基点或[位移(D)]<位移>:　　　　　　　　[拾取"集中荷载"上箭头下部端点]
>
> 第二个点或<使用第一个点作为位移>:　　　　　　　(指定新位置梁中点B)

执行上述命令后，将所选的对象说明移动到合适的位置，如图2.17（b）所示。

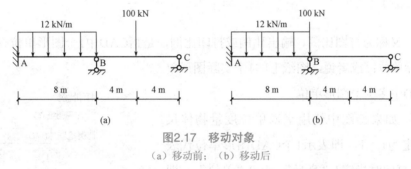

图2.17　移动对象

（a）移动前；（b）移动后

需要说明的是，move命令的执行方法与copy一致，即"点+位移值"或"点到点"。前者的执行效果是将源对象移动到新的位置；后者的执行方式是将源对象复制到新的位置。

2.6　绘图比例和出图比例

2.6.1　绘图比例

绘图比例，是指设计者在AutoCAD坐标系中，表达的1个图形单位与实际物体真实单位长度之间的对应关系。

实践中，有的设计者将AutoCAD中1个图形单位对应真实尺寸的100个单位长度，即相当于将实际尺寸缩小到1/100绘制到AutoCAD中。这其实是典型的"图板、丁字尺"手绘方法，不应提倡。

绘图比例和出图比例

如果设计者将AutoCAD中1个图形单位对应真实尺寸的1个单位长度，即按实际尺寸是多少，在AutoCAD中就绘制多少的做法，其实就相当于用数码相机给某人拍照片的操作，人的尺寸不动，数码相机只需将人的尺寸完整地以数字编码的方法写入文件中，即可以理解为一个虚拟的1∶1投影过程；而最后的缩放人像过程是由打印机按照制定的比例来完成的，即完成的照片可加工成2寸、3寸，甚至是20寸或更大幅的照片。当然，AutoCAD绘图过程完全可比拟为给人物拍照的过程，即绘图比例为1∶1。

建筑工程施工图纸的绘制中，推荐使用的绘图比例为1∶1，其优点如下：

（1）容易发现错误，由于按实际尺寸画图，很容易发现尺寸设置不合理的地方。

（2）标注尺寸非常方便，尺寸数字是多少，软件自己测量，一旦画错，看尺寸数字即可发现，这非常有利于建筑设计师前期对方案的调整。

（3）在各个图形之间复制局部图形或者使用块时，由于都是1∶1比例，调整块等操作非常方便，不需要换算。

（4）不用进行烦琐的比例缩小和放大计算，既提高了工作效率，也能防止换算过程中出现差错。

2.6.2　出图比例

出图比例，又称为打图比例、输出比例或打印比例，是指CAD中1个图形单位打印到图纸上将代表多少个实际单位；或者说，图纸上的1个实际图形单位代表AutoCAD中多少个图形单位。

举例说明：如果绘图中使用毫米单位度量物体尺寸，绘图比例定为1∶1，即表示1个CAD图形单位代表1个毫米单位；打印时指定1"毫米"=100"单位"，即实现常见的1∶100的建筑施工图输出，如建筑平面图就常采用这个比例来打印；如果指定1"毫米"=1 000"单位"，将实现1∶1 000的建筑施工图输出，如建筑总平面图常采用这个比列来打印。打印时操作如图2.18所示。

图2.18　AutoCAD中1∶100打印操作（局部）

2.7　实训操作1——绘制图框

绘制如图2.19所示的A3标准图框（420×297，左边装订线为25，其余边为5），标题栏尺寸如图2.20所示。绘制过程如下：

（1）外框：绘制尺寸为420×297的矩形；

（2）内框：通过辅助线找到内框的左上角点，绘制390×287的矩形；

绘制图框

（3）标题栏外框线：以内框的右下角点为起点绘制矩形130×16；

（4）标题栏内框线：

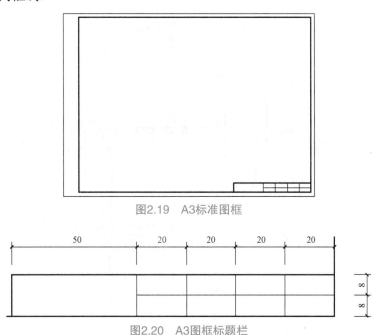

图2.19　A3标准图框

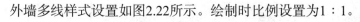

图2.20　A3图框标题栏

1）竖直直线：输入l，捕捉到标题栏的左上角点，打开正交模式，向右拉十字光标输入50，按Enter键，打开对象捕捉开关，选择"垂足"选项，向下捕捉到垂足点按Enter键，完成标题栏内框线第一条竖直直线的绘制，同样方法绘制其他标题栏内框线竖直直线。

2）水平直线：输入l，捕捉到标题栏外框线右边中点，向左输入长度80，完成标题栏内框线水平直线的绘制。

也可以利用其他方法完成图框的绘制，图框线宽暂不做要求，将在其他单元进行讲解。

2.8　实训操作2——绘制砌体结构墙体和平面窗

（1）实训1：利用多线命令绘制如图2.21所示的砌体结构墙体、平面窗。

第1步：绘制轴网。

第2步：根据尺寸绘制外墙，因为所学命令有限，修剪等命令未学，因此直接留好门窗洞口。

绘制砌体结构
墙体和平面窗

外墙多线样式设置如图2.22所示。绘制时比例设置为1：1。

（2）实训2：绘制1.8附建筑平面图中的墙体、平面窗。

简要绘图过程：首先使用直线命令绘制一条轴线，然后通过复制命令绘制其他轴线；使用圆命令绘制轴号，利用移动命令移动轴号。

定义墙的多线样式以及平面窗的多线样式。

使用"捕捉自"功能添加墙体并布置平面窗（图2.23）等。

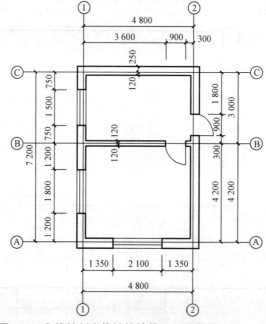

图2.21 多线绘制砌体结构墙体、平面窗练习

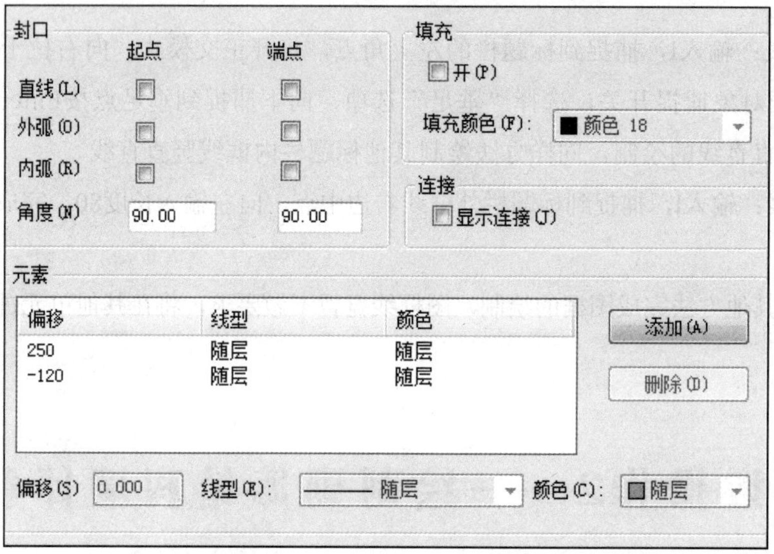

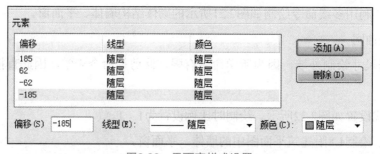

图2.22 外墙多线样式设置

图2.23 平面窗样式设置

2.9　实训操作3——绘制桁架

绘制图2.24所示的桁架。绘图过程如下：

（1）明确AutoCAD绘图单位，1图形单位=1 mm；

（2）绘制直线AB，长度为16 000；

（3）以定数等分方式插入节点C、D、E，定数等分个数为4；

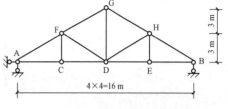

图2.24　桁架的绘制

（4）绘制直线FC、GD、HE、AG、BG、FD、HD；

（5）打开对象捕捉开关，设置为节点捕捉，以圆的方式绘制每个节点；

（6）通过直线与圆命令绘制支座；

（7）修剪多余线段，修剪命令将在后续单元中详细介绍。

绘制桁架

单元3 设置图层和绘制多段线

3.1 Arc圆弧命令

圆弧是圆的一部分，可以使用多种方式绘制（图3.1）。调用圆弧命令的方式如下：

(1) 单击经典模式下"绘图"工具栏上的"圆弧"按钮；

(2) 执行"常用"→"绘图"→"圆弧"命令；

(3) 在命令行输入命令"arc"（快捷键a）。

arc圆弧命令

根据不同的条件，绘制圆弧的方法有多种，如图3.1所示。下面介绍几种常用的绘制圆弧的方式。

1. 以三点方式绘制圆弧

通过指定圆弧上的三个点来绘制圆弧。

操作过程：

命令:arc↙

指定圆弧的起点或[圆心(C)]:   （指定圆弧上的第一点）

指定圆弧的第二个点或[圆心(C)/端点(E)]:   （指定圆弧上的第二点）

指定圆弧的端点: （指定圆弧上的端点）

2. 以起点、圆心、端点方式绘制圆弧

操作过程：

命令:arc↙

指定圆弧的起点或[圆心(C)]:   （指定圆弧上的起点）

指定圆弧的第二个点或[圆心(C)/端点(E)]:c↙   （指定圆弧的圆心）

指定圆弧的端点或[角度(A)/弦长(L)]:   （指定圆弧上的端点）

绘制结果如图3.2所示。

3. 以起点、圆心、角度方式绘制圆弧

操作过程：

命令:arc↙

指定圆弧的起点或[圆心(C)]:   （指定圆弧上的起点）

指定圆弧的第二个点或[圆心(C)/端点(E)]:c↙   （指定圆弧的圆心）

指定圆弧的端点或[角度(A)/弦长(L)]:a↙   （指定包含角:指定角度）

其他绘制圆弧的方式不常用，在此不做详细介绍。

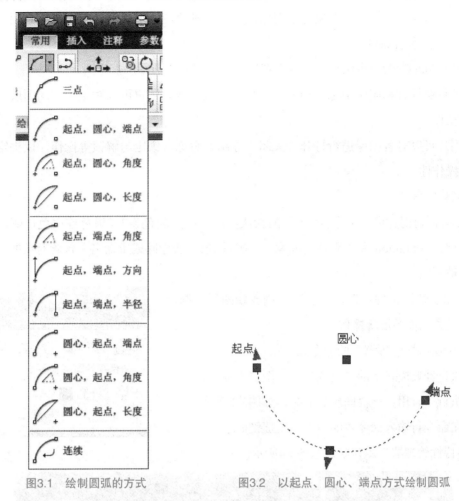

图3.1　绘制圆弧的方式　　　　　图3.2　以起点、圆心、端点方式绘制圆弧

3.2　Layer图层应用

图层可理解为管理CAD对象的平台，一个层就是一个独立的平台；在各个平台之间，各个对象是相互独立存在的，因此，不同的层之间就有了独立的操作权限等功能。每一类对象都有多种特性，为了方便管理，可以将一系列具有相同或相似特性的对象放在一个图层里。图层相当于多张透明的重叠图纸，可以在其上绘制不同的对象，这样整个绘图区域相当于由多个图层堆叠而成，而整个图形就是由多个图层上的对象堆叠而成的。

图层应用

图层具有以下特点：

（1）用户可以在一幅图中指定任意数量的图层。系统对图层数没有限制，对每一图层上的对象数也没有任何限制。

（2）每一个图层有一个名称。当开始绘制一幅新图时，AutoCAD会自动创建名为"0"的图层，这是AutoCAD的默认图层，其余图层需要用户来定义。

（3）一般情况下，在一个图层上的对象应该是一种绘图线型，一种绘图颜色。用户可以改变各图层的线型、颜色等特性。

（4）虽然AutoCAD允许用户建立多个图层，但只能在当前图层上绘图。

（5）各图层具有相同的坐标系和相同的显示缩放倍数。用户可以对位于不同图层上的对象同时进行编辑操作。

（6）用户可以对各图层进行打开、关闭、冻结、解冻、锁定与解锁等操作，以决定各图层的可见性和可操作性。

1．图层的创建

AutoCAD自动创建的一个名为"0"的默认图层，图层颜色为7（黑色或白色，颜色由背景来决定），线型为Continuous及"默认"线宽。"0"图层无法删除或重命名，包含对象的图层和当前图层也不能被删除。

启动"图层特性管理器"，可以进行创建新图层、制定图层特性、设置当前图层等操作。

调用"图层特性管理器"的命令如下：

（1）执行经典模式下的"格式"→"图层"命令；

（2）执行"常用"→"图层"命令，如图3.3所示；

（3）在命令行输入命令"layer"（快捷键la）。

"图层特性管理器"默认状态如图3.4所示。

图3.3　图层菜单

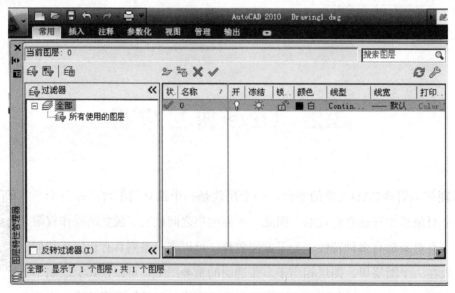

图3.4　"图层特性管理器"对话框

在"图层特性管理器"对话框中，单击"新建图层"按钮 ⊯ 创建新的图层。新建图层系统自动命名为"图层1"，用户可以根据自己的需要重新定义新的名称，如"墙体"等，如图3.5所示。新图层上用户可以对图层的颜色、线型、线宽等特性直接进行定义。需要创建多个图层时，再次单击"新建图层"按钮，并输入新的图层名即可。

图3.5 新建图层

在"图层特性管理器"对话框中,单击"删除图层"按钮✖,即可以删除图层。选定一个图层,单击"置为当前"按钮✔,将选定的图层置为当前图层,置为当前操作也可以在"图层"选项的下拉菜单中实现,如图3.6所示。

2. 图层控制

AutoCAD可以通过操作图层属性而达到控制其上的对象的目的,可以实现更快捷的编辑。在"图层特性管理器"对话框中可以实现图层的开/关、冻结/解冻、锁定/解锁等操作。

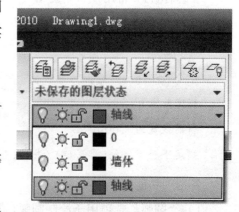

图3.6 置为当前操作

(1)开/关图层。在绘图过程中,经常会将一些图层关闭,使得相关的图形更加清晰和明显。在"图层特性管理器"对话框中,单击"开"🔅按钮,可以打开和关闭图层。灯泡颜色为黄色是打开状态,此图层上的图形可以显示,也可以编辑和打印;灯泡颜色为灰色是关闭状态,此图层上的图形不能显示,也不能打印,但可以被某些选择集命令(如all命令)选择并修改。

(2)锁定/解锁图层。在绘图过程中,经常会将一些图层锁定,使得其不被编辑。在"图层特性管理器"对话框中,单击"锁定"🔓按钮,可以锁定和解锁图层。🔒是锁定状态,此图层上的图形可以显示,不能被修改和选择,但可以在锁定图层上绘制图形对象。

(3)冻结/解冻图层。冻结/解冻图层可以看作开/关图层和锁定/解锁图层的一个综合体。在"图层特性管理器"对话框中,单击"冻结"❄按钮,可以冻结和解冻图层。在冻结状态下,按钮显示为❄,图层上的图形不能显示,也不能被打印和编辑。🔅为解冻状态,图层上的图形能够显示,也能够被打印和编辑。

冻结与关闭的区别是冻结图层可以减少系统重新生成图形的计算时间。

(4)打印/不打印图层。如果某些图层仅仅是设计时的一些草图,不想被打印出来,可以将其设置为"不打印"。在"图层特性管理器"对话框中，单击"打印"  按钮，可以打印或不打印图层。在打印状态下，按钮显示为 📇，图层上的图形能被打印； 📇 为不打印状态，图层上的图形不能被打印。

3.3 Polyline多段线命令

多段线是由直线段、圆弧段构成，且可以具有宽度等特征的独立图形对象。它比line命令创建的直线具有更多的特性。

1. 多段线绘制

调用多段线命令的方式如下：

（1）单击经典模式下"绘图"工具栏的"多段线"按钮 ⤵；

（2）执行"常用"→"绘图"→"多段线"命令；

（3）在命令行输入命令"pline"（快捷键pl）。

多段线命令

操作过程：

命令:pline✓

指定起点：   （确定多段线的起始点）

当前线宽为0.0000   （说明当前的绘图线宽）

指定下一个点或[圆弧(A)/半宽(H)/长度(L)/放弃(U)/宽度(W)]:

各选项功能如下：

1）"圆弧"选项用于绘制圆弧，圆弧绘制方式与前面所讲的圆弧绘制方式一致，如果此时先画的是直线，表示画线方式是由直线转化为圆弧，如果想将圆弧方式转化为直线方式就选择如下提示的"直线"选项：

[角度(A)/圆心(CE)/闭合(CL)/方向(D)/半宽(H)/直线(L)/半径(R)/第二个点(S)/放弃(U)/宽度(W)]

2）"半宽"选项用于设置多段线的半宽度，只需输入宽度的一半。

3）"长度"选项用于指定所绘多段线的长度。

4）"宽度"选项用于确定多段线的宽度，可以输入不同的起点和终点宽度。

5）"放弃"选项用于在多段线命令执行过程中，将刚刚绘制的一段或几段多段线取消。

多段线可用来绘制钢筋，绘制线宽=出图后的宽度×出图比例。

操作实例：利用多段线命令绘制如图3.7所示的双圆弧图形。

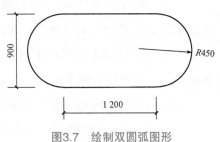

图3.7 绘制双圆弧图形

操作过程：

命令:pl↙

指定起点: (指定左下角点)

当前线宽为0.0000

指定下一个点或[圆弧(A)/半宽(H)/长度(L)/放弃(U)/宽度(W)]:1200↙ (完成直线)

指定下一点或[圆弧(A)/闭合(C)/半宽(H)/长度(L)/放弃(U)/宽度(W)]:a↙

(切换至画圆弧)

指定圆弧的端点或[角度(A)/圆心(CE)/闭合(CL)/方向(D)/半宽(H)/直线(L)/半径(R)/第
二个点(S)/放弃(U)/宽度(W)]:900↙ (完成右边圆弧)

指定圆弧的端点或[角度(A)/圆心(CE)/闭合(CL)/方向(D)/半宽(H)/直线(L)/半径(R)/第
二个点(S)/放弃(U)/宽度(W)]:l↙ (切换至画直线)

指定下一点或[圆弧(A)/闭合(C)/半宽(H)/长度(L)/放弃(U)/宽度(W)]:1200↙

(完成上边直线)

指定下一点或[圆弧(A)/闭合(C)/半宽(H)/长度(L)/放弃(U)/宽度(W)]:a↙

(切换至画圆弧)

指定圆弧的端点或[角度(A)/圆心(CE)/闭合(CL)/方向(D)/半宽(H)/直线(L)/半径(R)/第
二个点(S)/放弃(U)/宽度(W)]:900↙ (完成左边圆弧)

指定圆弧的端点或[角度(A)/圆心(CE)/闭合(CL)/方向(D)/半宽(H)/直线(L)/半径(R)/第
二个点(S)/放弃(U)/宽度(W)]:↙ (结束)

操作实例：绘制如图3.8所示的箭头。

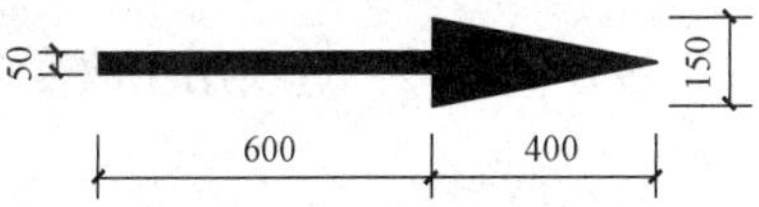

操作过程：

图3.8 绘制箭头

命令:pl↙

指定起点: (指定起点)

当前线宽为0.0000

指定下一点或[圆弧(A)/闭合(C)/半宽(H)/长度(L)/放弃(U)/宽度(W)]:w↙

(设置多段线宽度)

指定起点宽度<0.0000>:50↙ (多段线起点宽度50)

指定端点宽度<50.0000>:↙

指定下一点或[圆弧(A)/闭合(C)/半宽(H)/长度(L)/放弃(U)/宽度(W)]:600↙

指定下一点或[圆弧(A)/闭合(C)/半宽(H)/长度(L)/放弃(U)/宽度(W)]:w↙

(设置多段线宽度)

指定起点宽度<50.0000>:150↙ (多段线起点宽度)

指定端点宽度<150.0000>:0↙ (多段线端点宽度)

指定下一点或[圆弧(A)/闭合(C)/半宽(H)/长度(L)/放弃(U)/宽度(W)]:400↙

指定下一点或[圆弧(A)/闭合(C)/半宽(H)/长度(L)/放弃(U)/宽度(W)]:↙ (结束)

2. 多段线编辑

可以对现有的多段线进行编辑，方式如下：

（1）执行经典模式下的"修改"→"对象"→"多段线"命令；

（2）执行"常用"→"修改"→"编辑多段线"命令；

（3）在命令行输入命令"pedit"（快捷键pe）。

操作过程：

命令:pedit(pe)↙

选择多段线或[多条(M)]:m↙   (则可以同时编辑多条多段线)

输入选项[闭合(C)/合并(J)/宽度(W)/编辑顶点(E)/拟合(F)/样条曲线(S)/非曲线化(D)/线型生成(L)/反转(R)/放弃(U)]:

各选项功能如下：

1）"闭合"选项用于将多段线封闭。

2）"合并"选项用于将多条多段线（直线、圆弧）合并。

3）"宽度"选项用于更改多段线的宽度。

4）"编辑顶点"选项用于编辑多段线的顶点。

5）"拟合"选项用于创建圆弧拟合多段线。

6）"样条曲线"选项用于创建样条曲线拟合多段线。

7）"非曲线化"选项用于反拟合。

8）"线型生成"选项用于规定非连续型多段线在各顶点处的绘线方式。

9）"反转"选项用于改变多段线上的顶点顺序。

3.4 对象特性相关命令

对象特性包括图层、颜色、线型、线宽和打印样式等。用户绘制的每个对象都有自己的特性，有些特性属于基本特性，适用于多数对象，有些特性则专属于某一类对象。对于新创建的对象，其特性基本是由功能区域"特性"中的当前特性所决定的，如图3.9所示。

对象特性

3.4.1 设置对象特性

1. 设置颜色

用户可以为对象设置颜色，一旦颜色设置后，以后创建的对象都采用此颜色，直至修改颜色。

调用颜色的命令如下：

（1）执行"格式"→"颜色"命令。

（2）在"特性"工具栏的"对象颜色"下拉列表中，直接选择颜色或选择"选择颜色"选项，如图3.10所示。

（3）在命令行输入命令"color"（快捷键col）。

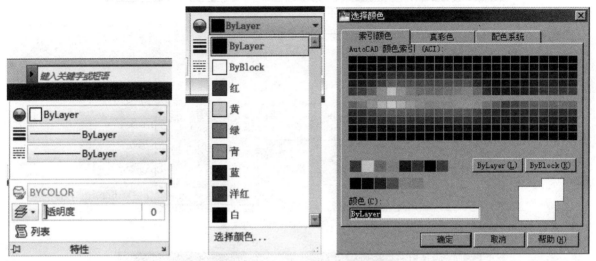

图3.9　"特性"工具栏　　　　图3.10　"特性"工具栏中的颜色设置和"选择颜色"对话框

由图3.10可以看到，列表中有"ByLayer"和"ByBlock"两项，在线型、线宽等列表中都有这两项。"ByLayer"表示当前的对象特性随图层而定，并不单独设置，"图层"的概念将在后面介绍；"ByBlock"表示当前的对象特性随块而定，并不单独设置，"块"的概念也将在后面的单元中介绍。

2．设置线型

用户可以为对象设置线型，一旦线型设置后，以后创建的对象都采用此线型，直至修改线型。调用线型命令的方式如下：

（1）执行"格式"→"线型"命令；

（2）在"特性"工具栏的"线型"下拉列表中，直接选择线型或选择"其他"选项弹出"线型管理器"对话框加载其他线型，如图3.11所示；

（3）在命令行输入命令"linetype"（快捷键lt）。

利用"线型管理器"对话框加载线型，单击"加载"按钮，弹出"加载或重载线型"对话框，如图3.12所示。

AutoCAD的线型存放在线型文件acadiso.lin中，用户也可以从自定义线型文件中加载。选择好线型后，单击"确定"按钮把要加载的线型添加到"线型管理器"对话框中的"线型"列表中。

单击"线型管理器"对话框中的"当前"按钮，用户可以将此线型变为当前图形线型。

单击"线型管理器"对话框中的"删除"按钮，用户可以删除已加载的线型，但系统默认的"ByLayer""ByBlock"和"Continuous"不能被删除，当前图形中已采用的线型也不能被删除。

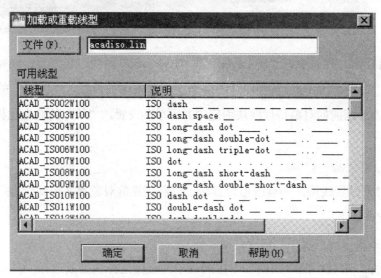

图3.11 "线型管理器"对话框

图3.12 "加载或重载线型"对话框

　　有时设置好的线型绘制出来的图形并未达到预期的效果，这是因为线型的比例不合适，绘制的线条不能反映线型，用户可以在"线型管理器"对话框中的"详细信息"选项组中进行比例设置，如图3.11所示。其中"全局比例因子"文本框可以设置整个图形中所有对象的线型比例，"当前对象缩放比例"文本框可以设置当前新创建对象的线型比例。

　　绘图过程中线型比例不合适，可在命令行输入命令"lts"修改线型比例。

　　3. 设置线宽

　　用户可以为对象设置线宽，一旦线宽设置后，以后创建的对象都采用此线宽，直至修改线宽。调用线宽命令的方式如下：

　　（1）执行"格式"→"线宽"命令；

　　（2）在"特性"工具栏的"线宽"下拉列表中，直接选择线宽或选择"线宽设置"选项弹出"线宽设置"对话框选择线宽，如图3.13所示；

（3）在命令行输入命令"lweight"（快捷键lw）。

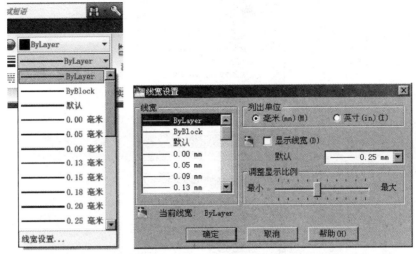

图3.13 "特性"工具栏中的线宽选择和"线宽设置"对话框

在"线宽设置"对话框中用户可以设置对象的线宽，同时，也可以选择是否在屏幕上显示线宽，一旦选中"显示线宽"复选框，则屏幕上正在创建的图形就会按照此线宽显示，"调整显示比例"选项组可以调节显示比例滑块，可以设置线宽的显示比例大小。

3.4.2 修改编辑对象特性

对于已经创建好的对象，必要时可以修改其对象特性。修改已有对象特性的方法有三种：第一种方法是使用"特性"工具条，如图3.14所示；第二种方法可以使用"特性"选项板，如图3.15所示，该操作对应的命令为properties；第三种方法是利用特性匹配命令来完成，见3.5。

对象特性修改操作

1. 利用"特性"工具条

使用"特性"工具条可以修改对象的图层、颜色、线型、线宽。操作过程为：选择图形对象，将对象加入选择集，此时"特性"工具条中将显示选择对象的特性，用户在"特性"工具条中相应的下拉列表中选择想要更改的特性。

图3.14 "特性"工具条

2. 利用"特性"选项板查看、修改图形特性

调用"特性"选项板操作如图3.15所示，该操作对应的命令为properties，使用"Ctrl+1"快捷键同样可以启动该命令；启动后的界面如图3.16所示。

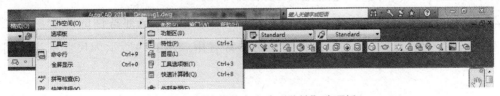

图3.15 下拉菜单中启动"特性"选项板

图3.16   "Ctrl+1"快捷键启动"特性"选项板界面

"特性"选项板是一个非常实用的工具，堪称万能编辑命令，可以对任何AutoCAD对象进行编辑。

3.5 Matchprop特性匹配命令

利用特性匹配命令可以将一个已有对象的某些特性复制到其他对象上，类似于Word中的格式刷。调用特性匹配命令的方式如下：

（1）执行经典模式下的"修改"→"特性匹配"命令；

（2）执行"常用"→"特性匹配"命令；

（3）在命令行输入命令"matchprop"（快捷键ma）。

默认情况下，使用特性匹配命令是将选定的第一个对象的所有特性复制到目标对象上。如果希望只复制部分特性给其他对象，则在选择对象后在命令行输入"s"进行设置，弹出如图3.17所示的"特性设置"对话框，在"特性设置"对话框中可取消不想匹配的特性。

特性匹配命令的灵活用处可体现在以下两个方面：

（1）将不同线型之间的对象（如直线、矩形等）匹配成一致的某一特性相同的对象；如将其他类型的直线通过该命令匹配成红色的虚线，如图3.18所示。

（2）在不同风格的尺寸标注、文字、图案填充之间进行全部特性的匹配，使之在施工图中具有一致的风格。这在修改、编辑图形时非常有用。图3.19所示为尺寸标注之间的特性匹配。

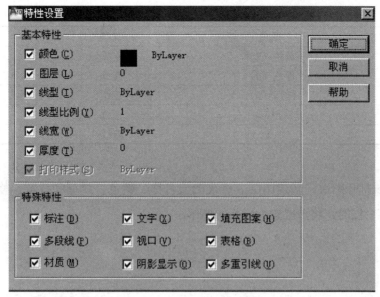

图3.17 "特性设置"对话框

(a)　　　　　　　　　　　(b)

图3.18 线型经对象特性匹配后的操作

（a）匹配前；（b）匹配后

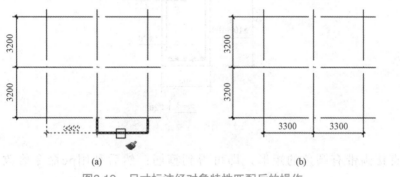

(a)　　　　　　　　　　　(b)

图3.19 尺寸标注经对象特性匹配后的操作

（a）匹配前；（b）匹配后

3.6 实训操作1——创建绘图实用图层

创建绘图
实用图层

结合前面对图层设置操作的理解，创建如表3.1所示的图层。

表3.1 图层信息列表

图层名称	颜色	线型	线宽
轴线	红色（1）	CENTER	0.25
墙体	白色（7）	连续	0.5

图层名称	颜色	线型	线宽
门窗	黄色（2）	连续	0.25
标注	青色（4）	连续	0.15
楼梯	洋红（6）	连续	0.25
图框	13	连续	0.25
文字	9	连续	0.15

操作过程：

使用命令layer打开图层，新建图层，修改图层名称、颜色、线型和线宽，修改合适的线型比例，并注意使用某一层时，将该层置为当前的操作。

3.7 实训操作2——绘制梁截面

绘制如图3.20所示的梁截面图中的纵筋与箍筋。

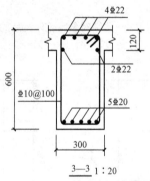

绘制梁截面

图3.20 钢筋混凝土梁截面图

第1步：直接画带有圆角的矩形，即可得到箍筋；然后利用pe命令修改其宽度，宽度为0.5×20=10。

第2步：利用圆与填充命令绘制纵向钢筋，填充为实体填充。

3.8 实训操作3——绘制平面门

1. 实训1：平面门做法

在建筑平面图中，最简单的平面门如图3.21（a）所示。此处，用简单命令完成平面门的绘制，其他更为复杂门类型符号，可在此基础上完成。

绘制平面门

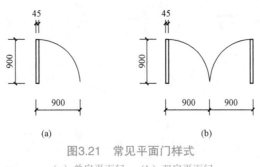

图3.21　常见平面门样式

（a）单扇平面门；（b）双扇平面门

绘制步骤如下：

（1）使用circle命令绘制一半径为900的圆；

（2）以圆心为起点，使用rectangle命令向上绘制一矩形，另一角点相对直角坐标输入"@45，900"，从而完成矩形的绘制；同时以圆心为出发点，绘制一条超过圆的直线，长度不限；

（3）使用trim命令将多余的圆弧修剪掉，将多余的直线删除即可。

整个绘制过程如图3.22所示。另外，还可以使用圆弧命令绘制，即选择"起点、圆心、角度"的方式绘制1/4圆弧，然后绘制矩形部分。

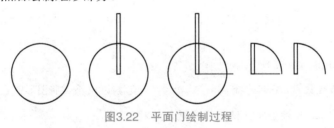

图3.22　平面门绘制过程

2. 实训2：平面门实训操作

接2.8中的实训操作，在1.8附建筑平面图中添加平面门。

单元4 修剪、延伸、拉伸和旋转命令

4.1 Trim修剪命令

在AutoCAD中，可以将选中的对象沿选中的剪切边界断开，去掉修剪边界之外的部分，以此保证绘制图形的精确性。调用修剪命令的方式如下：

trim修剪命令

（1）单击经典模式下"修改"工具栏中的"修剪"按钮 -/--；

（2）执行经典模式下的"修改"→"修剪"命令；

（3）执行"常用"→"修改"→"修剪"命令；

（4）在命令行输入命令"trim"（快捷键tr）。

操作过程：

命令:tr↙

当前设置:投影=UCS,边=延伸

选择剪切边...选择对象或<全部选择>:　　　　　　（直接按Enter键将图形中全部对象都作为修剪边界）

选择要修剪的对象,或按住Shift键选择要延伸的对象,或

[栏选(F)/窗交(C)/投影(P)/边(E)/删除(R)/放弃(U)]:

"栏选（F）/窗交（C）"：构造选择集的方式。

"边（E）"：包括"延伸"和"不延伸"选项。"延伸"是指延伸边界，被修剪的对象按照延伸边界进行修剪，即在修剪边界与被修剪对象不相交的情况下，假定修剪边界延伸至被修剪对象并进行修剪；"不延伸"表示不延伸修剪边界，被修剪对象仅在修剪边界相交时才可以进行修剪。

操作实例：将如图4.1（a）所示的墙线利用修剪命令修剪为如图4.1（b）所示的图形。

操作过程：

命令:tr↙

当前设置:投影=UCS,边=延伸

选择剪切边...选择对象或<全部选择>:　　　　　　（直接按Enter键将图形中全部对象都作为修剪边界）

选择要修剪的对象,或按住Shift键选择要延伸的对象,或[栏选(F)/窗交(C)/投影(P)/边(E)/删除(R)/放弃(U)]:　　　　　　　　　　　　　　　　　　　　　　　　（选择DE边）

选择要修剪的对象,或按住Shift键选择要延伸的对象,或[栏选(F)/窗交(C)/投影(P)/边(E)/删除(R)/放弃(U)]:　　　　　　　　　　　　　　　　　　　　　　　　（选择AB边）

选择要修剪的对象,或按住Shift键选择要延伸的对象,或[栏选(F)/窗交(C)/投影(P)/边(E)/删除(R)/放弃(U)]:　　　　　　　　　　　　　　　　　　　　　　　　（选择EG边）

选择要修剪的对象,或按住Shift键选择要延伸的对象,或[栏选(F)/窗交(C)/投影(P)/边(E)/
删除(R)/放弃(U)]: (选择FH边)

选择要修剪的对象,或按住Shift键选择要延伸的对象,或[栏选(F)/窗交(C)/投影(P)/边(E)/
删除(R)/放弃(U)]: (选择BC边)

选择要修剪的对象,或按住Shift键选择要延伸的对象,或[栏选(F)/窗交(C)/投影(P)/边(E)/
删除(R)/放弃(U)]: (选择CF边)

选择要修剪的对象,或按住Shift键选择要延伸的对象,或[栏选(F)/窗交(C)/投影(P)/边(E)/
删除(R)/放弃(U)]:↙ (结束命令)

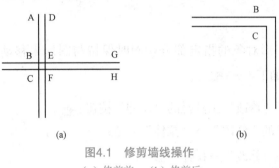

图4.1 修剪墙线操作
（a）修剪前；（b）修剪后

4.2 Extend延伸命令

延伸对象和修剪对象的作用正好相反,该命令可以延伸对象,使它们精确地
延伸至由其他对象定义的边界。调用延伸命令的方式如下:

extend延伸命令

(1) 单击经典模式下"修改"工具栏的"延伸"按钮 ---/；
(2) 执行经典模式下的"修改"→"延伸"命令；
(3) 执行"常用"→"修改"→"延伸"命令；
(4) 在命令行输入命令"extend"（快捷键ex）。

操作过程:

命令:ex↙

当前设置:投影=UCS,边=延伸

选择边界的边...

选择对象或<全部选择>: (直接按Enter键将图形中全部对象都作为延伸边界)

选择要延伸的对象,或按住Shift键选择要修剪的对象,或[栏选(F)/窗交(C)/投影(P)/边(E)/
放弃(U)]:

"栏选（F）/窗交（C）":构造选择集的方式。

"边（E）"：包括"延伸"和"不延伸"选项。"延伸"是指延伸边界，被延伸的对象按照延伸边界进行延伸，即在延伸边界与被延伸对象不相交的情况下，假定延伸边界延伸至被延伸对象并进行延伸；"不延伸"表示不延伸延伸边界，被延伸对象仅在延伸边界相交时才可以进行延伸。

4.3 Stretch 拉伸命令

拉伸命令用于移动图形对象的指定部分，同时保持与图形未移动部分相连接。调用拉伸命令的方法如下：

（1）单击经典模式下"修改"工具栏的"拉伸"按钮 ；

（2）执行经典模式下的"修改"→"拉伸"命令；

（3）执行"常用"→"修改"→拉伸"命令；

（4）在命令行输入命令"stretch"（快捷键s）。

拉伸命令是一个使用频率极高的命令。如果选择的对象全部包括在选择窗口中，系统将移动对象；如果选择的对象只有部分包括在选择窗口中，系统将拉伸对象。如果不以交叉窗口或交叉多边形选择对象，AutoCAD将不拉伸任何对象。

操作实例：将如图4.2（a）所示图形右半部分的房间尺寸拉伸为如图4.2（b）所示的尺寸。

操作过程：

命令：s↙

以交叉窗口或交叉多边形选择要拉伸的对象…

选择对象：以交叉窗口方式选择右半部分房间,找到10个

选择对象：↙

指定基点或[位移(D)]<位移>：　　　　　　　　　　　　　　　　　选择右上角点

指定第二个点或<使用第一个点作为位移>：500↙　　　（将鼠标放到右上角点的左边,输入500）

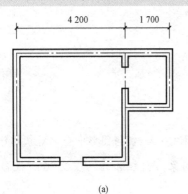

(a)

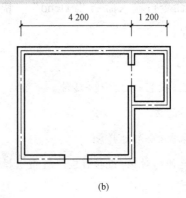

(b)

图4.2　拉伸对象

（a）拉伸前；（b）拉伸后

4.4 Rotate 旋转命令

旋转命令将选中的对象从原来的位置旋转到用户指定角度的位置上。源对象旋转后，原位置的对象将被删除，在新的位置上则出现该对象。旋转中心位于对象的几何中心时，旋转后该对象的位置不变，只是放置的方向旋转了一定的角度。当旋转中心不位于对象的几何中心时，对象的位置将有较大的改变。调用旋转命令的方式如下：

rotate旋转命令

（1）单击经典模式下"修改"工具栏的"旋转"按钮 ○；

（2）执行经典模式下的"修改"→"旋转"命令；

（3）执行"常用"→"修改"→"旋转"命令；

（4）在命令行输入命令"rotate"（快捷键ro）。

操作过程：

> 命令:ro↙
>
> UCS当前的正角方向:ANGDIR=逆时针ANGBASE=0
>
> 选择对象:找到1个
>
> 选择对象:
>
> 指定基点: （指定旋转的中心点）
>
> 指定旋转角度,或[复制(C)/参照(R)]<0>: （输入角度按Enter键）

"复制"：将对象旋转的同时保留源对象。

"参照"：指定参照角，当旋转的角度未知时，可以采用指定参照物的方式指定参照角。

操作实例：利用旋转命令将如图4.3（a）所示的图形旋转为如图4.3（b）所示的图形。

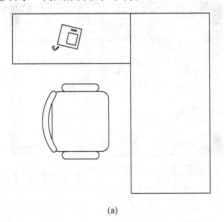
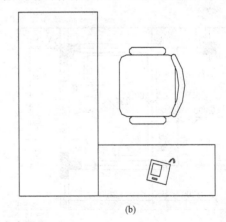

(a)   (b)

图4.3 旋转命令操作

（a）旋转前；（b）旋转后

操作过程：

> 命令:ro↙
>
> UCS当前的正角方向:ANGDIR=逆时针ANGBASE=0
>
> 选择对象:指定对角点:找到3个

4.5　实训操作1——绘制折断线符号

绘制如图4.4所示的梁右端折断线。绘图过程如下:

（1）利用多线命令绘制梁线;

（2）利用多线命令绘制折线段竖直部分,用直
线命令绘制折线部分;梁线右端绘制直线;

（3）利用修剪命令修剪掉多余的线,结果如
图4.4所示。

图4.4　折断线的绘制　　　　　折断线符号

4.6　实训操作2——绘制及编辑卫生间图形

本实训操作如图4.5所示。

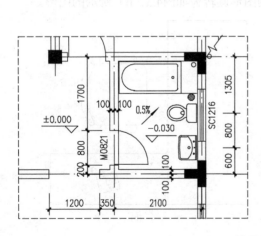
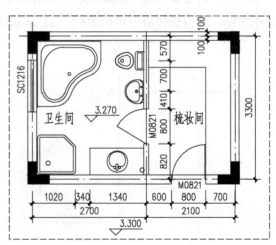

图4.5　某居室卫生间布置图形

在本实训操作中,首先可以按照轴线关系绘制出卫生间墙体、门等,其次在设计中心块库里下
载卫生洁具等,最后通过移动、复制等编辑命令将其放到合适位置,结果如图4.5所示。

单元5 绘制点、图案填充及缩放、偏移等编辑命令

5.1 Point点命令

5.1.1 设置点样式

绘制点之前，需要先设置点的样式。设置点样式的方法如下：

（1）执行经典模式下的"格式"→"点样式"命令；

（2）在命令行输入命令"ddptype"。

执行命令后，系统会弹出如图5.1所示的对话框，用户可以基于所给图形样式自行设置点的样式和大小。

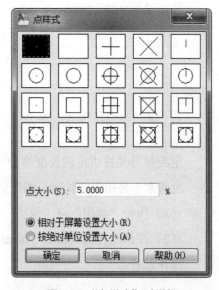

图5.1 "点样式"对话框

5.1.2 绘制点

在AutoCAD中一般使用多点方式绘制任意点。调用多点命令的方法如下：

（1）执行"常用"→"绘图"→"点"→"多点"命令；

（2）在命令行输入命令"point"（快捷键po）。

操作过程：

命令:point✓	（运行绘制点命令）
当前点模式:PDMODE=0.0000PDSIZE=0.0000	
指定点:	（在绘图区域鼠标左键指定点的位置）
指定点:	（继续指定点的位置或确认）

5.1.3 定数等分命令

定数等分是在对象上按指定的数目等间距地创建点或插入块。这个操作并不是将对象实际等分为单独的对象，而是在定数等分的位置上添加节点，可以用捕捉方式捕捉这些节点。

调用定数等分命令的方式如下：

（1）执行"常用"→"绘图"→"点"→"定数等分"命令；

（2）在命令行输入命令"divide"（快捷键div）。

定数等分命令

操作过程：

命令:divide↙	(运行定数等分命令)
选择要定数等分的对象：	(选择要等分的对象)
输入线段数目或[块(B)]：	(指定等分的段数)

操作实例：将长度为1 m的线段AB等分为4份。

操作过程：

命令:l↙ （绘制长度1m的线段AB)	
命令:div↙	(运行定数等分命令)
选择要定数等分的对象：	(选择线段AB)
输入线段数目或[块(B)]:4	(输入等分线段数量)

绘制结果如图5.2所示。

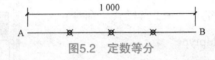

图5.2 定数等分

5.1.4 定距等分命令

定距等分是按指定的长度等分对象。与定数等分不同的是，定距等分不一定将对象等分，即最后一段通常不是指定的长度。调用定距等分命令的方式如下：

（1）执行"常用"→"绘图"→"点"→"定距等分"命令；

（2）在命令行输入命令"measure"（快捷键me）。

操作过程：

命令:me↙	(运行定距等分命令)
选择要定距等分的对象：	(选择要等分的对象)
指定线段长度或[块(B)]：	(输入指定长度)

操作实例：将长度为1000长的线段AB，按每300一段的距离等分。

操作过程：

命令:l↙	(绘制长度1000的线段AB)
命令:me↙	(运行定距等分命令)
选择要定数等分的对象：	(选择线段AB)
输入线段长度或[块(B)]:300↙	(输入指定长度)

绘制结果如图5.3所示。

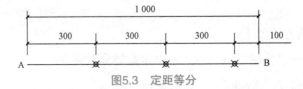

图5.3 定距等分

5.2 Hatch图案填充命令

5.2.1 图案填充命令

在建筑工程绘图中常需要对一些剖面图等进行填充，以填充的图案代表构件的材质或用料。

用户可以使用预先设置好的图案填充，也可以自定义图案填充，还可以使用渐变色图案填充。另外，图案填充的前提要求是区域边界必须封闭。

调用图案填充命令的方式如下：

（1）单击经典模式下"绘图"工具栏上的"图案填充"按钮；

（2）执行"常用"→"绘图"→"图案填充"命令；

（3）在命令行输入命令"hatch"（快捷键h）。

执行命令后，系统会弹出如图5.4所示的对话框。如果要定义基于注释性的文字样式，选中"注释性"复选框即可。

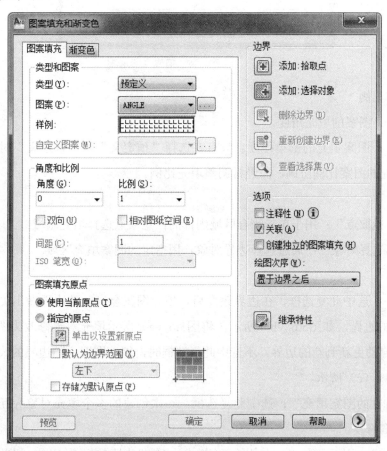

图5.4 "图案填充和渐变色"对话框

1. 图案填充选项

（1）类型和图案。在"类型和图案"选项组的"类型"下拉列表框中，用户可以选择"预定义""用户定义"和"自定义"三个选项。"预定义"为系统提供的已定义图案，包含ANSI（由美国国家标准化组织建议使用的图案填充）、ISO（由国际标准化组织建议使用的填充图案）和其他预定义图案，单击 ··· 按钮，则出现如图5.5所示的对话框；"用户定义"用于基于当前图形线型创建直线图案，可以指定角度和直线间的间距；"自定义"可以根据用户的需求，将定义的填充图案添加到图案文件中，然后用自定义的图案填充图形。

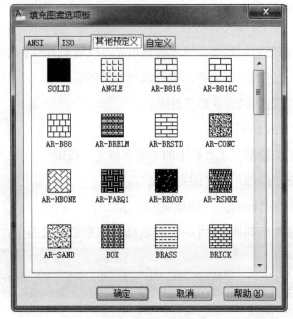

图5.5　"填充图案选项板"对话框

（2）角度和比例。

1）"角度"：图案的填充角度。

2）"比例"：图案填充的密集程度。只有在选择"预定义"和"自定义"时，此选项才可以使用。为了使填充的图案比例协调，需经常调整填充比例。

（3）边界。

1）"添加：拾取点"：用于单击闭合区域内部的任意一点选择填充区域；

2）"添加：选择对象"：通过选择边界对象，用指定的图案填充区域。

（4）选项。

1）"关联"：选中此复选框，在边界改变后，填充图案会自动随边界做出关联的改变，填充图案自动填充新的边界，如图5.6（b）所示，将图5.6（a）所示填充对象修改为图5.6（b）所示图形，则填充图案自动更新到新的边界。不选中此复选框时，填充图案不随边界的改变而改变，保持原有形状，如图5.6（c）所示。

2）"创建独立的图案填充"：选中此复选框，一次创建的多个填充对象为互相独立的对象，可单独进行编辑和修改。

3）"继承特性"：用于选择一个已使用的填充样式及其特性来填充指定的边界，相当于复制填充样式。

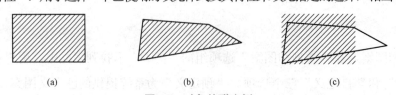

| (a) | (b) | (c) |

图5.6　对象关联实例
（a）原填充对象；（b）关联；（c）不关联

2. 渐变色选项

单击"图案填充和渐变色"对话框中的"渐变色"标签，AutoCAD切换到"渐变色"选项卡，如图5.7所示。

"渐变色"选项卡用于以渐变方式实现填充。其中，"单色"和"双色"两个单选按钮用于确定是以一种颜色填充，还是以两种颜色填充。当以一种颜色填充时，可以利用位于"双色"单选按钮下方的滑块调整所填充颜色的浓淡度。当以两种颜色填充时（选中"双色"单选按钮），位于"双色"单选按钮下方的滑块变成与其左侧相同的颜色框和按钮，用于确定另一种颜色。位于选项卡中间位置的9个图像按钮用于确定填充方式。还可以通过"角度"下拉列表框确定以渐变方式填充时的旋转角度，通过"居中"复选框指定对称的渐变配置。如果没有选中此复选框，渐变填充将朝左上方变化，可创建出光源在对象左边的图案。

图5.7　"渐变色"选项卡

3. 高级选项

单击如图5.4或图5.7所示的 ⊙ 按钮，将展开更多选项，如图5.8所示。该部分用于选择孤岛检测方式。

（1）"孤岛检测"复选框确定是否进行孤岛检测以及孤岛检测的方式。其包括"普通""外部"和"忽略"三种方式。

1）"普通"：由外向内每隔一个区域进行填充。

2）"外部"：只填充最外面的大区域。

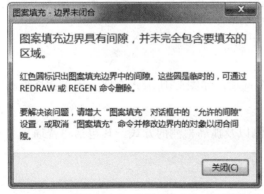

图5.8 "图案填充和渐变色"对话框的更多选项

3）"忽略"：全部填充。

（2）"保留边界"复选框用于指定是否将填充边界保留为对象，并确定其对象类型。

（3）"允许的间隙"。AutoCAD允许将实际上并没有完全封闭的边界用作填充边界。如果在"允许的间隙"选项组"公差"文本框中指定了值，该值为AutoCAD确定填充边界时可以忽略的最大间隙，即如果边界有间隙，且各间隙均小于或等于设置的允许值，那么这些间隙均会被忽略，AutoCAD将对应的边界视为封闭边界。

如果在"允许的间隙"选项组"公差"文本框中指定了值，当通过"拾取点"按钮指定的填充边界为非封闭边界，或边界间隙大于设定的值时，AutoCAD会打开如图5.9所示的"图案填充-边界未闭合"对话框。如果边界间隙小于或等于设定的值时，AutoCAD将打开如图5.10所示的"图案填充-开放边界警告"对话框，如果单击"继续填充此区域"选项，AutoCAD将对非封闭图形进行图案填充。

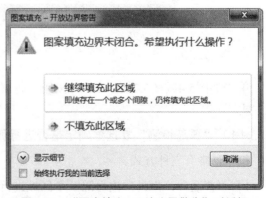

图5.9 "图案填充-边界未闭合"对话框   图5.10 "图案填充-开放边界警告"对话框

5.2.2　编辑填充图案

修改图案填充命令用于对填充好的图案进行相应的编辑和修改。调用图案填充编辑命令的方式如下：

（1）执行经典模式下的"修改"→"对象"→"图案填充"命令；

（2）执行"常用"→"修改"→"编辑图案填充"命令；

（3）双击编辑对象；

（4）在命令行输入命令"hatchedit"（快捷键he）。

用户采用任何一种方式均会弹出如图5.11所示的"图案填充编辑"对话框，进而可修改现有图案填充的相关参数。

图5.11　"图案填充编辑"对话框

5.3　Scale 缩 放 命 令

AutoCAD为用户提供了图形缩放命令，用户可以用此命令将所选择的对象按指定的比例因子放大或缩小。调用缩放命令的操作方式如下：

（1）单击经典模式下"修改"工具栏的"缩放"按钮；

（2）执行经典模式下的"修改"→"缩放"命令；

（3）执行"常用"→"修改"→"缩放"命令；

（4）在命令行输入命令"scale"（快捷键sc）。

操作过程：

> 命令：sc✓　　　　　　　　　　　　　　　　　　　　　　　（运行缩放命令）
>
> 选择对象：找到1个
>
> 选择对象：
>
> 指定基点：　　　　　　　　　　　　　　　　　　　　　　　（指定缩放基点）
>
> 指定比例因子或[复制(C)/参照(R)]<1.0000>：　（输入比例因子：＞1为放大，＜1为缩小）

"复制"：对象缩放的同时保留源对象；

"参照"：指定参照长度。

操作实例：利用缩放命令将如图5.12（a）所示的正四边形以其中心点缩放为边长为1 000的正四边形，并保留源对象。

操作过程：

> 命令：scale✓　　　　　　　　　　　　　　　　　　　　　　（运行缩放命令）
>
> 选择对象：找到1个　　　　　　　　　　　　　　　　　　　　（选择正四边形）
>
> 选择对象：✓
>
> 指定基点：　　　　　　　　　　　　　　　　　　　　　　　　（指定中心）
>
> 指定比例因子或[复制(C)/参照(R)]<0.5000>：c✓　　　　　（保留源对象）
>
> 指定比例因子或[复制(C)/参照(R)]<0.5000>：r✓　　　　　（指定参照长度）
>
> 指定参照长度<100.0000>：　　　　　　　（捕捉多边形某一条边的第一个端点）
>
> 指定第二点：　　　　　　　　　　　　　（捕捉多边形某一条边的第二个端点）
>
> 指定新的长度或[点(P)]<1.0000>：1000✓

绘制结果如图5.12（b）所示。

(a)

(b)

图5.12　比例缩放

（a）源对象；（b）缩放后的对象

5.4　Offset偏移命令

在建筑工程制图中，经常需要绘制间距相等、形状相似的图形，如操场跑道、人行横道、台阶等，对于此类图形，可以通过偏移命令方便地绘出。偏移与复制不同的是，执行偏移的对象只能是单个对象。对于圆等非单向直线对象（封闭或半封闭的），偏移后对象的尺寸会随着偏移距离而发生变化。调用偏移命令的操作方式如下：

（1）单击经典模式下"修改"工具栏的"偏移"按钮 ；

（2）执行经典模式下的"修改"→"偏移"命令；

（3）执行"常用"→"修改"→"偏移"命令；

（4）在命令行输入命令"offset"（快捷键o）。

操作过程：

命令：o✓	（运行偏移命令）
指定偏移距离或[通过(T)/删除(E)/图层(L)]<通过>：	（输入偏移距离）

"通过"：指定通过点。

"删除"：是否删除源对象。

"图层"：偏移对象时可指定图层，偏移对象的对象特性即变为指定图层的对象特性。

操作过程：

选择要偏移的对象，或[退出(E)/放弃(U)]<退出>：	（选择偏移对象）
选择要偏移的那一侧的点，或[退出(E)/多个(M)/放弃(U)]<退出>：	（指定点以确定偏移所在一侧）
选择要偏移的对象，或[退出(E)/放弃(U)]<退出>：	（选择偏移对象）
选择要偏移的那一侧的点，或[退出(E)/多个(M)/放弃(U)]<退出>：	（指定点以确定偏移所在一侧）

继续以上操作，直到不需要继续绘制为止。

操作实例：利用偏移命令，将如图5.13（a）所示轴线偏移为如图5.13（b）所示的以轴线为对称轴的梁，其中梁宽为300。

操作过程：

命令：o✓	（运行偏移命令）
指定偏移距离或[通过(T)/删除(E)/图层(L)]<通过>：150✓	（输入偏移距离为梁宽的一半）
选择要偏移的对象，或[退出(E)/放弃(U)]<退出>：	（选择轴线）
指定要偏移的那一侧上的点，或[退出(E)/多个(M)/放弃(U)]<退出>：	（单击偏移方向为上）
选择要偏移的对象，或[退出(E)/放弃(U)]<退出>：（选择轴线）	
指定要偏移的那一侧上的点，或[退出(E)/多个(M)/放弃(U)]<退出>：	（单击偏移方向为下）

（a）　　　　　　　　　（b）

图5.13　偏移图形

（a）偏移前；（b）偏移后

5.5　Array阵列命令

使用阵列命令可以创建按指定方式排列的多个对象的副本。使用"矩形阵列"选项,创建由选定对象副本的行和列数所定义的组数。使用"环形阵列"选项,通过围绕圆心复制选定对象来创建阵列。在创建多个指定间距的对象时,阵列的方法比复制要快得多。

调用阵列命令的操作方式如下:

(1)单击经典模式下"修改"工具栏的"阵列"按钮；

(2)执行经典模式下的"修改"→"阵列"命令;

(3)执行"常用"→"修改"→"阵列"命令;

(4)在命令行输入命令"array"(快捷键ar)。

1. 创建矩形阵列

命令:ar↙

系统会弹出如图5.14所示的"阵列"对话框,选中"矩形阵列"单选按钮,设置其参数,然后选择阵列对象即可。若不确定是否正确,可以单击"预览"按钮预览。

(1)"行数":包括源对象在内的复制后的总行数。

(2)"列数":包括源对象在内的复制后的总列数。

(3)"行偏移":复制后对象间行距离(向上为正,向下为负)。

(4)"列偏移":复制后对象间列距离(向右为正,向左为负)。

(5)"阵列角度":复制后整体对象与X轴的夹角(逆时针为正,顺时针为负)。

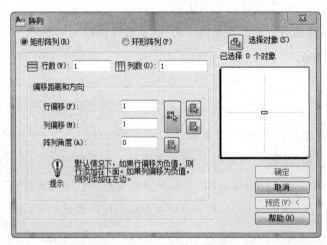

图5.14　"阵列"对话框

操作实例:

利用矩形阵列命令将如图5.15(a)所示的矩形复制到轴线的每个交点上。

如图5.15(b)所示为矩形阵列的参数设置;如图5.15(c)所示为阵列后的结果。

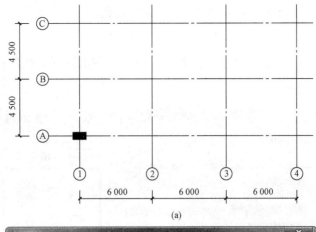

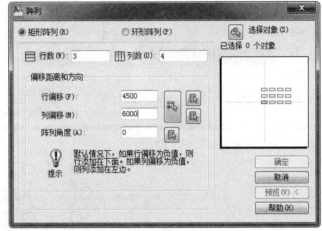

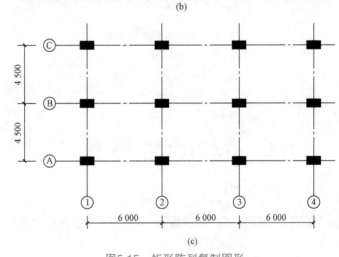

图5.15　矩形阵列复制图形

（a）矩形阵列前；（b）矩形阵列参数设置；（c）矩形阵列后

2. 创建环形阵列

命令:ar↙

系统会弹出如图5.14所示的"阵列"对话框，选中"环形阵列"单选按钮，如图5.16（a）所示，设置其参数，然后选择阵列对象即可。

"中心点"：环形排列的中心点坐标。

"方法"：激活指标"项目总数""填充角度""项目间角度"三者中的两项。

"项目总数"：包含源对象在内的复制后的对象总数。

"填充角度"：所有项目布置的范围内所包含的圆心角。

"项目间角度"：每个项目之间范围内所对应的圆心角。

操作实例：利用环形阵列命令将如图5.16（b）所示的图形阵列为如图5.16（c）所示的结果。参数设置如图5.16（a）所示。

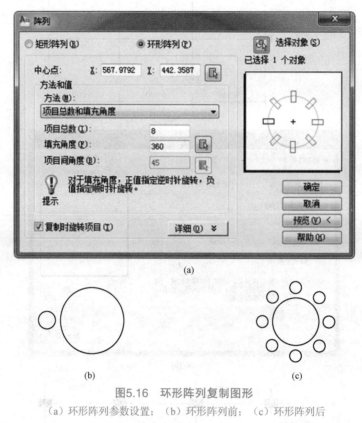

(a)

(b)   (c)

图5.16　环形阵列复制图形

（a）环形阵列参数设置；（b）环形阵列前；（c）环形阵列后

5.6　Mirror镜像命令

图形在绘制过程中经常需要对称效果，而镜像命令就是用于绘制对称图形的。调用镜像命令的操作方式如下：

（1）单击经典模式下"修改"工具栏的"镜像"按钮 ⚎；

（2）执行经典模式下的"修改"→"镜像"命令；

（3）执行"常用"→"修改"→"镜像"命令；

（4）在命令行输入命令"mirror"（快捷键mi）。

操作过程：

命令:mi↙	(运行镜像命令)
选择对象:找到1个	
选择对象:找到1个,总计2个	

选择对象:↙	
指定镜像线的第一点:	(指定对称轴的第一点)
指定镜像线的第二点:	(指定对称轴的第二点)
要删除源对象吗?[是(Y)/否(N)]<N>:	(默认为不删除源对象,输入Y,则删除源对象)

操作实例:利用镜像命令将如图5.17(a)所示的Ⓐ轴上的柱子复制到Ⓒ轴上。

操作过程:

命令:mi↙	(运行镜像命令)
选择对象:找到5个	(选择第一根柱子)
选择对象:找到5个,总计10个	(选择第二根柱子)
选择对象:找到5个,总计15个	(选择第三根柱子)
选择对象:找到5个,总计20个	(选择第四根柱子)
选择对象:↙	(确定完成选择)
指定镜像线的第一点:	(指定Ⓑ轴上任意一点)
指定镜像线的第二点:	(指定Ⓑ轴上另一点)
要删除源对象吗?[是(Y)/否(N)]<N>:↙	(结束命令)

绘制结果如图5.17(b)所示。

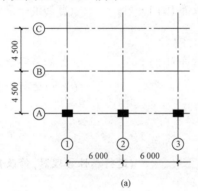 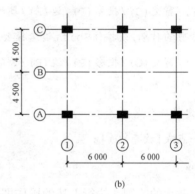

图5.17 镜像命令操作

(a)镜像前; (b)镜像后

5.7 实训操作1——绘制散水、台阶、指北针和箭头

5.7.1 绘制散水

如图5.18所示,散水边缘线距离外墙800,距离轴线1 050。因此绘制散水时,只需将轴线向外偏移1 050,然后剪切多余线段,再将散水线修改为预设的散水图层即可。

绘制散水

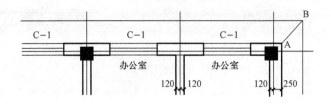

图5.18　散水局部图

操作过程：

命令：o↙   (运行绘制偏移命令)

指定偏移距离或[通过(T)/删除(E)/图层(L)]<通过>：1050↙   (设置偏移距离)

选择要偏移的对象，或[退出(E)/放弃(U)]<退出>：   (选择右上角墙边缘处一根轴线)

指定要偏移的那一侧上的点，或[退出(E)/多个(M)/放弃(U)]<退出>：   (偏移到墙体外侧)

选择要偏移的对象，或[退出(E)/放弃(U)]<退出>：   (选择右上角墙边缘处另一根轴线)

指定要偏移的那一侧上的点，或[退出(E)/多个(M)/放弃(U)]<退出>：   (偏移到墙体外侧)

命令：tr↙   (运行剪切命令)

选择对象或<全部选择>：指定对角点：找到2个   (选中偏移后两条相交轴线)

选择要修剪的对象，或按住Shift键选择要延伸的对象，或

[栏选(F)/窗交(C)/投影(P)/边(E)/删除(R)/放弃(U)]：   (剪切第一条移动后轴线)

选择要修剪的对象，或按住Shift键选择要延伸的对象，或

[栏选(F)/窗交(C)/投影(P)/边(E)/删除(R)/放弃(U)]：   (剪切第二条移动后轴线)

命令：l↙   (运行绘制直线命令)

LINE指定第一个点：   (A点)

指定下一点或[放弃(U)]：   (B点)

命令：ch↙   (运行属性管理器，修改散水线图层)

其他部位散水的绘制，执行上述的操作即可。

5.7.2　绘制台阶

如图5.19（a）所示为一个三级台阶。第一级台阶平台长度和宽度分别是4 000和1 500；第二、三级台阶宽度为300。绘制台阶可以以多段线方式先绘制第一级台阶平台，如图5.19（b）所示，之后偏移台阶宽度量，即可以绘制完成剩余的台阶。

操作过程：

命令：pl↙   (运行绘制多段线命令)

指定起点：   (外墙与轴线交点A)

指定下一个点或[圆弧(A)/半宽(H)/长度(L)/放弃(U)/宽度(W)]：@-1500,0↙   (平台宽度1500)

指定下一点或[圆弧(A)/闭合(C)/半宽(H)/长度(L)/放弃(U)/宽度(W)]：@0,-4000↙

(平台长度4000)

指定下一点或[圆弧(A)/闭合(C)/半宽(H)/长度(L)/放弃(U)/宽度(W)]:	(外墙与轴线交点B)
命令：o↙	(运行偏移命令)
指定偏移距离或[通过(T)/删除(E)/图层(L)]<通过>：300↙	(台阶宽度300)
选择要偏移的对象，或[退出(E)/放弃(U)]<退出>：	(选择上面多段线)
指定要偏移的那一侧上的点，或[退出(E)/多个(M)/放弃(U)]<退出>：	(绘制第二级台阶)
选择要偏移的对象，或[退出(E)/放弃(U)]<退出>：	(选择第二级台阶)
指定要偏移的那一侧上的点，或[退出(E)/多个(M)/放弃(U)]<退出>：	(绘制第三级台阶)

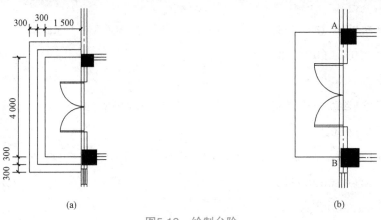

图5.19　绘制台阶

（a）台阶原图；（b）偏移绘制第一级台阶平台

5.7.3　绘制指北针

绘制指北针符号，如图5.20所示，可以使用圆和多段线命令实现。

操作过程：

绘制指北针

命令：c↙	(运行绘制圆命令)
CIRCLE指定圆的圆心或[三点(3P)/两点(2P)/切点、切点、半径(T)]：	(指定圆心位置)
指定圆的半径或[直径(D)]：1200↙	(输入圆半径1200)
命令：pl↙	(运行绘制多段线)
指定起点：	(捕捉圆顶端点作为起点)
指定下一个点或[圆弧(A)/半宽(H)/长度(L)/放弃(U)/宽度(W)]：w↙	(设置多段线宽度)
指定起点宽度<20.0000>：0↙	(设置圆顶端点多段线宽度)
指定端点宽度<0.0000>：300↙	(设置圆底端点多段线宽度)
指定下一个点或[圆弧(A)/半宽(H)/长度(L)/放弃(U)/宽度(W)]：	(捕捉圆底端点作为终点)
命令：t↙	(输入方向文字)

图5.20　绘制指北针

5.7.4 绘制箭头

1. 使用polyline命令绘制

绘制如图5.21所示的单向箭头，可以采用绘制多段线的方式，以改变线条宽度的形式实现箭头的绘制。

操作过程：

命令:pl✓	(运行绘制多段线命令)
指定起点:	(任意合适位置)
指定下一个点或[圆弧(A)/半宽(H)/长度(L)/放弃(U)/宽度(W)]:w✓	(设置多段线宽度)
指定起点宽度<300.0000>:0✓	(设置箭头起点宽度)
指定端点宽度<0.0000>:100✓	(设置箭头终点宽度)
指定下一个点或[圆弧(A)/半宽(H)/长度(L)/放弃(U)/宽度(W)]:l✓	(切换为设置箭头长度)
指定直线的长度:400✓	(输入箭头长度)
指定下一点或[圆弧(A)/闭合(C)/半宽(H)/长度(L)/放弃(U)/宽度(W)]:w✓	(修改箭尾宽度)
指定起点宽度<100.0000>:0✓	(设置箭尾起点宽度)
指定端点宽度<0.0000>:✓	(设置箭尾终点宽度)
指定下一点或[圆弧(A)/闭合(C)/半宽(H)/长度(L)/放弃(U)/宽度(W)]:	(任意合适位置)

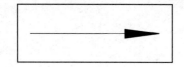

图5.21　利用polyline命令绘制箭头

2. 使用line、mirror及hatch命令绘制

绘制箭头可以使用line、mirror及hatch命令。首先使用line命令绘制如图5.22（a）所示箭头一半的轮廓线；然后使用mirror命令镜像箭头另一半的轮廓线，结果如图5.22（b）所示；最后使用hatch命令进行填充，结果如图5.22（c）所示。

操作过程：

命令:l✓	(运行绘制直线命令)
LINE指定第一个点:	(指定箭头一半轮廓线的端点)
指定下一点或[放弃(U)]:	(指定箭头一半轮廓线的另外三个点)
命令:mi✓	(运行镜像命令)
选择对象:指定对角点:找到4个	(选定箭头一半轮廓线)
选择对象:	(指定箭头轮廓线的镜像线)
指定镜像线的第一点:指定镜像线的第二点:	
要删除源对象吗？[是(Y)/否(N)]<N>:✓	
命令:h✓	(运行填充命令)
拾取内部点或[选择对象(S)/删除边界(B)]:	(拾取箭头轮廓内任意一点后进行填充)

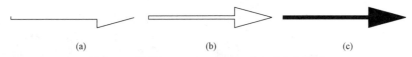

图5.22 利用line、mirror及hatch命令绘制箭头

（a）箭头一半轮廓线；（b）箭头全部轮廓线；（c）填充箭头

5.8 实训操作2——绘制钢筋混凝土柱横截面

绘制如图5.23所示的钢筋混凝土柱横截面，并进行图案填充。

操作过程：

命令：pol↙	（运行绘制多边形命令）
POLYGON输入边的数目＜4＞：4↙	（输入正四边形边数）
指定正多边形的中心点或［边（E）］：	（绘图区任意一点确定正四边形中心点）
输入选项［内接于圆（I）/外切于圆（C）］＜I＞：c↙	（假设正四边形外切于某圆）
指定圆的半径：200↙	（内切圆的直径为正四边形边长）
命令：h↙	（运行填充命令）

由于钢筋混凝土柱是由钢筋和混凝土两种材料组成的，因此填充时也要分两次进行：第一次填充选择如图5.24（a）所示的混凝土图案；第二次填充选择如图5.24（b）所示的钢筋图案。

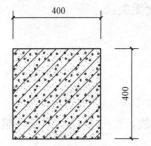

图5.23 绘制钢筋混凝土柱横截面

AR-CONC

(a)

ANSI31

(b)

图5.24 混凝土和钢筋图案

（a）混凝土；（b）钢筋

单元6　尺寸标注

在建筑工程制图中，尺寸标注属于注释对象之一，是绘图设计工作中的一项重要内容，也是说明结构物尺寸必不可少的对象之一。一般来说，绘制图形的根本目的是反映对象的形状，并不能表达清楚图形的设计意图，而图形中各个对象的真实大小和相互位置只有经过尺寸标注后才能确定。

6.1　创建尺寸标注

6.1.1　尺寸标注的规则

在AutoCAD中，对绘制的图形进行尺寸标注时应遵循如下规则：

（1）分尺寸标注在内，总尺寸标注在外，不同标注的尺寸线与尺寸界线通常不应相交；

（2）图形中的尺寸，通常可以不标注尺寸单位，而在图纸说明中以文字的形式约定；如果有明确的标注尺寸单位的要求，则须注明单位；

（3）图形中标注的尺寸为对象的真实尺寸，与绘图的准确程度无关；

（4）对象的每一个尺寸，一般只需要标注一次。

6.1.2　尺寸标注的组成

在建筑工程制图中，一个完整的尺寸标注应由标注文字、尺寸线、尺寸界线、斜线等组成。以房屋檐口大样为例，如图6.1所示。

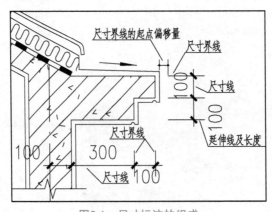

图6.1　尺寸标注的组成

6.1.3　创建尺寸标注样式

在AutoCAD中，尺寸标注样式设置的基本步骤如下：

（1）创建图层：在菜单栏中选择"格式"→"图层"命令，在打开的"图层特性管理器"对话框中创建一个独立的图层，用于尺寸标注；

（2）创建文字样式：在菜单栏中选择"格式"→"文字样式"命令，在打开的"文字样式"对话框中创建一种文字样式，用于尺寸标注；

（3）创建标注样式：在菜单栏中选择"格式"→"标注样式"命令，在打开的"标注样式管理器"对话框中设置标注样式；

（4）进行标注：使用对象捕捉和标注等功能，对图形中的元素进行标注。

其中，步骤（1）、（2）、（3）顺序不固定，可以根据习惯确定创建顺序，保证在进行正式的尺寸标注前将所需图层、文字样式及标注样式定义好即可。

6.2　创建和设置标注样式

在AutoCAD中，标注样式控制标注的格式和外观，使之符合国家有关的制图规范要求。本节将着重介绍使用"标注样式管理器"对话框创建标注样式的方法。

创建和设置标注
样式

（1）创建标注样式的方式如下：

1）执行"格式"→"标注样式"命令；

2）单击工具栏"标注样式"按钮 ；

3）在命令行输入命令"dimstyle"（快捷键d、ddim、ddimsty）。

执行命令后，系统弹出"标注样式管理器"对话框，如图6.2所示。

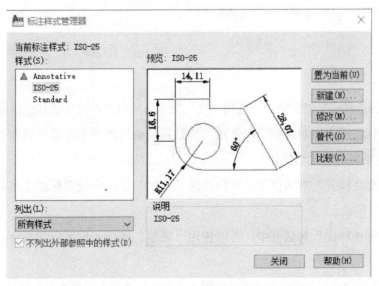

图6.2　"标注样式管理器"对话框

（2）单击 新建(N)... 按钮，打开"创建新标注样式"对话框，如图6.3所示。在"新样式名"文本框中输入新的样式名称如"建筑工程图"，如果创建基于注释性的标注样式，选中"注释性"复选框即可。

图6.3 "创建新标注样式"对话框

（3）单击 继续 按钮，打开"新建标注样式"对话框，如图6.4所示。

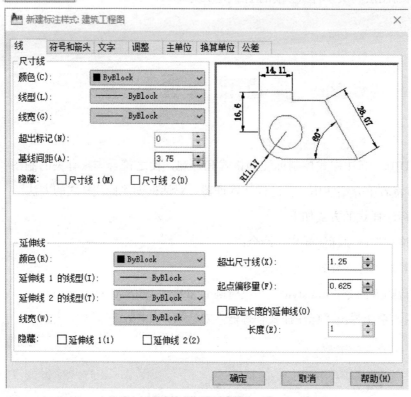

图6.4 尺寸标注

1）在"新建标注样式"对话框中，使用"线"选项卡可以设置尺寸线和延伸线的格式与位置。

2）在"新建标注样式"对话框中，使用"符号和箭头"选项卡可以设置箭头、圆心标记、弧长符号和半径标注折弯的格式与位置。

3）在"新建标注样式"对话框中，可以使用"文字"选项卡设置标注文字的外观、位置和对齐方式。

4）在"新建标注样式"对话框中，可以使用"调整"选项卡设置标注文字、尺寸线、尺寸箭头的位置。

5）在"新建标注样式"对话框中，可以使用"主单位"选项卡设置主单位的格式与精度等属性。

6）在AutoCAD中，通过"换算单位"选项卡，可以转换使用不同测量单位制的标注，通常是显示英制标注的等效公制标注，或公制标注的等效英制标注。在标注文字中，换算标注单位显示在主单位旁边的方括号中，如图6.5所示。

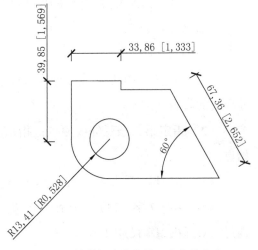

7）在"新建标注样式"对话框中，可以使用"公差"选项卡设置是否标注公差，以及以何种方式进行标注。

（4）设置完毕，单击"确定"按钮，这样就创建了一个新的尺寸标注样式。

（5）在"新建标注样式"对话框中的"样式"列表中选择新创建的样式"建筑工程图"，单击 置为当前 (U) 按钮，将其设置为当前样式，用这个样式可以进行相应的标注。

图6.5　换算标注单位显示在主单位旁边的方括号中

6.3　创建各种尺寸标注

6.3.1　线性尺寸标注

1．线性标注

线性标注命令提供水平方向或者竖直方向上的长度尺寸标注。调用线性标注命令的方式如下：

（1）执行"标注"→"线性"命令；

（2）单击工具栏的"线性"按钮 $\boxed{\sqcap}$ ；

（3）在命令行输入命令"dimlinear"（快捷键dli）。

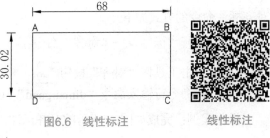

图6.6　线性标注　　　　线性标注

操作实例：完成如图6.6所示的线性标注。

操作过程：

命令：_dimlinear✓	
指定第一条延伸线原点或<选择对象>：	（拾取A点）
指定第二条延伸线原点：	（拾取B点）
指定尺寸线位置或[多行文字(M)/文字(T)/角度(A)/水平(H)/垂直(V)/旋转(R)]：	
标注文字=68	

按Enter键或单击鼠标右键继续执行线性标注命令，命令提示行提示如下：

操作过程：

命令：_dimlinear✓	
指定第一条延伸线原点或<选择对象>：	（拾取A点）

指定第二条延伸线原点：	(拾取D点)
指定尺寸线位置或[多行文字(M)/文字(T)/角度(A)/水平(H)/垂直(V)/旋转(R)]：	
标注文字=30.02	

各项的意义如下：

（1）指定第一条延伸线原点或＜选择对象＞：指定要标注尺寸对象的一个端点作为第一条尺寸界线的起始点。

（2）指定第二条延伸线原点：指定要标注尺寸对象的另一个端点作为第二条尺寸界线的起始点。

（3）指定尺寸线位置：用于选择合适的位置插入尺寸线，单击鼠标左键确认。

（4）多行文字（M）：在命令行输入"m"并按Enter键后，弹出"文字格式"对话框，可以通过该对话框编辑尺寸文本。

（5）文字（T）：在命令行输入"t"并按Enter键后，命令行会提示"输入标注文字＜30.02＞："，＜＞中显示数字为AutoCAD自动测量的对象尺寸，可以通过命令行编辑尺寸文本。

（6）角度（A）：用于调整尺寸文本的旋转角度。

（7）水平（H）：用于标注所选对象在水平方向的尺寸，与对象本身方向无关。

（8）垂直（V）：用于标注所选对象在垂直方向的尺寸，与对象本身方向无关。

（9）旋转（R）：用于调整尺寸线的旋转角度。

2. 对齐标注

对齐标注命令提供与拾取的标注点对齐的长度尺寸标注。调用对齐标注命令的方式如下：

（1）执行"标注"→"对齐"命令；

（2）单击工具栏"对齐"按钮 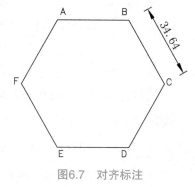；

（3）在命令行输入命令"dimaligned"（快捷键dal）。

操作实例：完成如图6.7所示的对齐标注。

操作过程：

图6.7 对齐标注

命令：_dimaligned↙	
指定第一条延伸线原点或＜选择对象＞：	(拾取B点)
指定第二条延伸线原点：	(拾取C点)
指定尺寸线位置或[多行文字(M)/文字(T)/角度(A)]：	
标注文字=34.64	

需要说明的是，在拾取标注点时，一定要打开对象捕捉功能，精确地拾取标注对象的特征点，这样才能在标注与标注之间建立关联性，也就是说，标注值会随着标注对象的修改而自动更新。

3. 基线标注

基线标注以某已建标注的一条尺寸界线为基准，做一系列的平行尺寸标注。尺寸界线间距可以在标注样式管理器中设置。调用基线标注命令的方式如下：

（1）执行"标注"→"基线"命令；

（2）单击工具栏"基线"按钮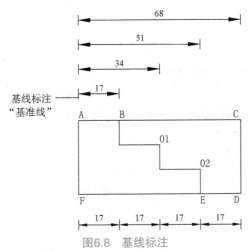；

（3）在命令行输入命令"dimbaseline"（快捷键dba）。

操作实例：完成如图6.8所示的基线标注。

图6.8　基线标注

操作过程：

> 命令：_dimlinear↙
>
> 指定第一条延伸线原点或<选择对象>：　　　　　　　　　　　　　　　　　（拾取A点）
>
> 指定第二条延伸线原点：　　　　　　　　　　　　　　　　　　　　　　　（拾取B点）
>
> 指定尺寸线位置或
>
> [多行文字(M)/文字(T)/角度(A)/水平(H)/垂直(V)/旋转(R)]：
>
> 标注文字=17
>
> 命令：_dimbaseline↙
>
> 指定第二条延伸线原点或[放弃(U)/选择(S)]<选择>：　　　　　　　　　（拾取01点）
>
> 标注文字=34
>
> 指定第二条延伸线原点或[放弃(U)/选择(S)]<选择>：　　　　　　　　　（拾取02点）
>
> 标注文字=51
>
> 指定第二条延伸线原点或[放弃(U)/选择(S)]<选择>：　　　　　　　　　（拾取C点）
>
> 标注文字=68

调用此命令时，AutoCAD默认将已存在的线性尺寸"17"的第一条尺寸界线作为所有基线标注的"基准线"，如图6.8所示。若需更换基线标注"基准线"，可以在命令行出现"指定第二条延伸线原点或［放弃（U）/选择（S）］<选择>："提示时，输入"s"并按Enter键，使用"选择（S）"选项重新选择基线标注"基准线"。

若在拾取第二个尺寸界线起点时出现错误，可以在命令行出现"指定第二条延伸线原点或［放弃（U）/选择（S）］<选择>："提示时，输入"u"并按Enter键，使用"放弃（U）"选项，重新拾取第二个尺寸界线起点。

　4.连续标注

连续标注以某已建标注的一条尺寸界线为基准，作一系列首尾相连的尺寸标注。连续标注的方法与基线标注相似，在激活连续标注之前，也要先用线性或角度标注的方法完成作为标注基准的线性或角度标注。调用连续标注命令的方式如下：

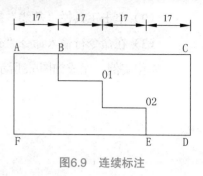

图6.9　连续标注

（1）执行"标注"→"连续"命令；

（2）单击工具栏"连续"按钮 ；

（3）在命令行输入命令"dimcontinue"（快捷键dco）。

操作实例：完成如图6.9所示的连续标注。

操作过程：

```
命令：_dimlinear✓
指定第一条延伸线原点或<选择对象>：                          （拾取A点）
指定第二条延伸线原点：                                      （拾取B点）
指定尺寸线位置或
[多行文字(M)/文字(T)/角度(A)/水平(H)/垂直(V)/旋转(R)]：
标注文字=17
命令：_dimcontinue✓
指定第二条延伸线原点或[放弃(U)/选择(S)]<选择>：             （拾取01点）
标注文字=17
指定第二条延伸线原点或[放弃(U)/选择(S)]<选择>：             （拾取02点）
标注文字=17
指定第二条延伸线原点或[放弃(U)/选择(S)]<选择>：             （拾取C点）
标注文字=17
```

6.3.2　径向类尺寸标注

1. 半径标注和直径标注

在AutoCAD中，使用半径或直径标注，可以标注圆和圆弧的半径或直径，使用圆心标注可以标注圆和圆弧的圆心。调用半径标注或直径标注命令的方式如下：

（1）执行"标注"→"半径"命令或"标注"→"直径"命令；

（2）单击工具栏"半径"按钮 或"直径"按钮 ；

（3）在命令行输入命令"dimradius"（快捷键dra）或"dimdiameter"（快捷键ddi）。

操作实例：完成如图6.10所示的半径标注、直径标注。

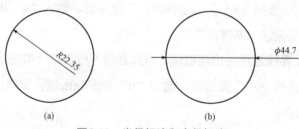

(a)　　　　　　　　　　(b)

图6.10　半径标注和直径标注

（a）半径标注；（b）直径标注

（1）半径标注。

操作过程：

> 命令：_dimradius↙
>
> 选择圆弧或圆：
>
> 标注文字=22.35
>
> 指定尺寸线位置或[多行文字(M)/文字(T)/角度(A)]:

（2）直径标注。

操作过程：

> 命令：_dimdiameter↙
>
> 选择圆弧或圆：
>
> 标注文字=44.7
>
> 指定尺寸线位置或[多行文字(M)/文字(T)/角度(A)]:

2. 弧长标注

在AutoCAD中，弧长标注功能可以轻松实现圆弧弧长的标注。需要注意的是，弧长标注可以标注出圆弧沿着弧线方向的长度而不是弦长。调用弧长标注命令的方式如下：

（1）执行"标注"→"弧长"命令；

（2）单击工具栏"弧长"按钮；

（3）在命令行输入命令"dimarc"（快捷键dar）。

弧长标注

操作实例：完成如图6.11所示的弧长标注。

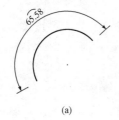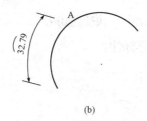

图6.11　弧长标注类型

（a）弧长标注；　（b）弧长标注（部分）；　（c）弧长标注（引线）

操作过程：

> 命令：_dimarc↙
>
> 选择弧线段或多段线圆弧段：
>
> 指定弧长标注位置或[多行文字(M)/文字(T)/角度(A)/部分(P)/引线(L)]:
>
> 标注文字=65.58

其中，其他各项意义与线性标注时相似。如可以选择"多行文字（M）"选项、"文字（T）"选项进行尺寸数字的输入和编辑，可以选择"角度（A）"选项设置尺寸数字的倾斜角度。在此不再详细介绍。

需要注意的是，其中：

（1）"部分（P）"：在命令行输入"p"并按Enter键后，可以选择弧线段或多段线圆弧段上某一部分进行标注，如图6.11（b）所示。

（2）"引线（L）"：在命令行输入"1"并按Enter键后，按提示进行标注，会显示箭头指示被标注的弧线段，如图6.11（c）所示。

进行弧长标注时，可以对弧长符号的位置进行调整。调用"创建新标注样式"对话框（图6.3），选中正在使用的标注样式，在对话框右侧单击"修改"按钮，弹出"修改标注样式"对话框，选择"符号和箭头"选项卡，在"弧长符号"选项组中选择弧长符号的位置即可，如图6.12所示。

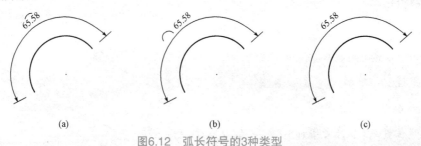

图6.12　弧长符号的3种类型

（a）在标注文字上方；　（b）在标注文字前方；　（c）无弧长符号

3. 折弯标注

在绘图过程中，当需要进行标注的圆弧或圆的半径过大或中心不在标注范围内时，若直接使用半径标注命令，则尺寸线就会过长，影响美观，此时可以使用折弯标注标注圆弧或圆的半径。调用折弯标注命令的方式如下：

（1）执行"标注"→"折弯"命令；

（2）单击工具栏"折弯"按钮 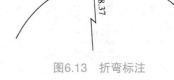；

（3）在命令行输入命令"dimjogged"（快捷键djo）。

操作实例：完成如图6.13所示的折弯标注。

图6.13　折弯标注

操作过程：

命令：_dimjogged↙

选择圆弧或圆：

指定图示中心位置：

标注文字=48.37

指定尺寸线位置或[多行文字(M)/文字(T)/角度(A)]：

指定折弯位置：

需要注意的是，在命令行出现"指定图示中心位置："提示时，不可以选择圆心或圆上某点，可以选择圆内或圆外某点为中心位置进行标注。

6.3.3　角度标注

标注圆弧、圆周上一段圆弧的中心角、两非平行线夹角、指定三点的角度，尺寸线位置在不同侧会标注出不同的角度值。调用角度标注命令的方式如下：

（1）执行"标注"→"角度"命令；

（2）单击工具栏"角度"按钮 △；

（3）在命令行输入命令"dimangular"（快捷键dan）。

操作实例：完成如图6.14（a）所示的角度标注（以选择"直线"为例进行说明）。

操作过程：

```
命令：_dimangular↙
选择圆弧、圆、直线或<指定顶点>：                              （选择直线段）
选择第二条直线：                                （选择直线段右面的斜线段）
指定标注弧线位置或[多行文字(M)/文字(T)/角度(A)/象限点(Q)]：
标注文字=45
```

角度标注所拉出的尺寸线的方向将影响到标注结果，两条直线段之间的角度在不同的方向可以形成4个角度值，如图6.14（b）所示。

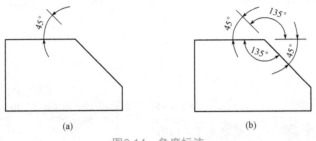

图6.14　角度标注
（a）单一方向；（b）不同方向

调用角度标注命令时，也可以选择"圆弧""圆"或"顶点"，在激活命令的第一个提示"选择圆弧、圆、直线或<指定顶点>："下：

（1）选择圆弧：AutoCAD会自动标注出圆弧的圆心角，即以圆弧的圆心为顶点，以圆弧的起点和终点为角度标注的尺寸界线边界点，标注该圆弧的角度，如图6.15（a）所示。

（2）选择圆：AutoCAD会标注出拾取的第一点和第二点之间围成的扇形角度，标注结果如图6.15（b）所示。

（3）选择顶点：用于标注不在同一条直线上的三个点围成的角度。即以拾取的第一点为角度的顶点［图6.15（c）中C点］，以另外两点（图6.15（c）中A、B点）为角度标注的尺寸界线边界点，标注出角度值，如图6.15（c）所示。

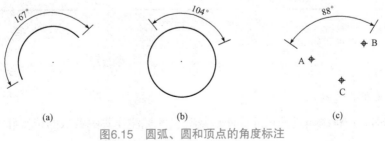

图6.15　圆弧、圆和顶点的角度标注
（a）选择圆弧；（b）选择圆；（c）选择顶点

6.4 编辑尺寸标注和文字

标注完成后,可以通过修改图形对象来修改标注。另外,标注好的尺寸也可以利用编辑工具直接进行修改。

6.4.1 编辑尺寸标注

用于编辑标注文字和延伸线,可以旋转、修改或恢复标注文字,更改延伸线的倾斜角。调用编辑标注命令的方式如下:

(1)单击工具栏"编辑标注"按钮 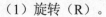;

(2)在命令行输入命令"dimtedit"(快捷键ded)。

编辑尺寸标注

操作实例:将图6.16(a)中的尺寸标注修改为图6.16(b)、(c)中的效果。

(1)旋转(R)。

操作过程:

```
命令:_dimedit↙
输入标注编辑类型[默认(H)/新建(N)/旋转(R)/倾斜(O)]<默认>:_r↙
指定标注文字的角度(按Enter键表示无):45↙
选择对象:(选择图形中的标注)↙
```

(2)倾斜(O)。

操作过程:

```
命令:_dimedit↙
输入标注编辑类型[默认(H)/新建(N)/旋转(R)/倾斜(O)]<默认>:_o↙
选择对象:(选择图形中的标注)↙
输入倾斜角度(按Enter键表示无):90↙
```

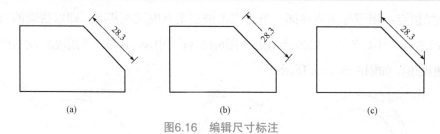

图6.16 编辑尺寸标注

(a)尺寸标注; (b)旋转尺寸标注; (c)倾斜尺寸标注

其中各项意义如下:

(1)默认(H):将编辑过的尺寸标注恢复到尺寸标注样式中默认的位置和方向。

(2)新建(N):用于对尺寸标注文本内容进行修改。

(3)旋转(R):用于编辑尺寸标注数字的倾斜角度,如图6.16(b)所示。

（4）倾斜（O）：用于编辑尺寸界线的倾斜角度，如图6.16（c）所示。需要注意的是，"倾斜（O）"命令还可以通过执行"标注"→"倾斜（Q）"命令直接调用。

6.4.2　编辑尺寸标注文字

1. 编辑尺寸标注文字样式

用于移动和旋转标注文字，重新定位尺寸线。调用编辑标注文字命令的方式如下：

（1）单击工具栏"编辑标注"按钮 ；

（2）在命令行输入命令"dimtedit"（快捷键dimted）。

操作实例：将图6.17（a）中的尺寸标注修改为图6.17（b）、（c）中的效果。

（1）左对齐（L）。

操作过程：

命令：_dimtedit↙

选择标注：　　　　　　　　　　　　　　　　　　　　　　　　　　（选择图形中的标注）

为标注文字指定新位置或[左对齐(L)/右对齐(R)/居中(C)/默认(H)/角度(A)]:l↙

（2）右对齐（R）。

操作过程：

命令：_dimtedit↙

选择标注：　　　　　　　　　　　　　　　　　　　　　　　　　　（选择图形中的标注）

为标注文字指定新位置或[左对齐(L)/右对齐(R)/居中(C)/默认(H)/角度(A)]:r↙

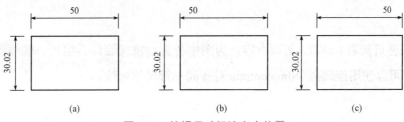

图6.17　编辑尺寸标注文字位置
（a）居中；（b）左对齐；（c）右对齐

其中各项意义如下：

（1）为标注文字指定新位置：在命令行输入"dimtedit"，并按Enter键，选中需要编辑的标注后，可以拖动鼠标将标注移动到新的指定位置上，单击鼠标左键确认即可。此命令既可以修改尺寸标注的位置，也可以移动尺寸标注文字的位置。

（2）左对齐（L）：将尺寸标注文字设置为沿尺寸线左侧对齐，如图6.17（b）所示。

（3）右对齐（R）：将尺寸标注文字设置为沿尺寸线右侧对齐，如图6.17（c）所示。

（4）居中（C）：将尺寸标注文字设置在尺寸线居中位置，如图6.17（a）所示。

（5）默认（H）：将编辑过的尺寸标注恢复到尺寸标注样式中默认的位置。

（6）角度（A）：用于编辑尺寸标注文字的倾斜角度。

2．编辑尺寸标注文字内容

　　有时需要对标注好的尺寸文字内容进行修改，例如，线性标注的直径符号等，可以利用文字编辑器进行修改，命令及操作方法如下：

　　（1）在命令行输入"ddedit"，激活文字编辑命令，选择注释对象或［放弃（U）］：（选择标注值为12的线性标注），弹出"文字格式"编辑器，如图6.18所示。

图6.18　"文字格式"编辑器

　　然后，在数字前面输入直径符号"ϕ"的控制码"%%c"，或者在"文字格式"编辑器中，选择直径符号，然后单击"确定"按钮，就为此尺寸添加了直径符号。修改结果如图6.19所示。

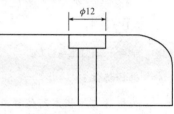

　　（2）除上述方法外，还可以使用编辑标注命令"dimtedit"，在命令行提示"输入标注编辑类型［默认（H）/新建（N）/旋转（R）/倾斜（O）］＜默认＞："时，输入"n"并按Enter键，选择"新建（N）"命令，同样可以对标注文字内容进行修改。

图6.19　修改后的尺寸文本

6.5　实训操作——尺寸标注

　　本节实训任务可接着1.8或7.8实训内容，为图中各类对象（墙体、窗户、轴线等）添加尺寸标注。特别提示，可以使用连续命令dimcontinue对齐同一行尺寸标注。

单元7 文字与表格

文字作为建筑施工图中的注释对象之一，是AutoCAD图形中非常重要的元素，是建筑工程制图中不可缺少的组成部分。在一个完整的图样中，通常都包含文字注释用以标注图样中的非图形信息。例如，建筑工程图纸中的设计说明、材料要求、施工要求等。另外，使用表格功能可以创建不同类型的表格，还可以在其他软件中复制表格，以提高施工图绘制效率。

7.1 创 建 文 字 样 式

调用文字样式命令的方式如下：

（1）执行"格式"→"文字样式"命令；

（2）单击工具栏"文字样式"按钮 **A**；

（3）在命令行输入命令"style"（快捷键st）。

执行命令后将弹出如图7.1所示的"文字样式"对话框，在该对话框中，包括以下几项内容。如果要定义基于注释性的文字样式，需选中"注释性"复选框，在"高度"文本框中输入图纸上的实际字体的高度即可。

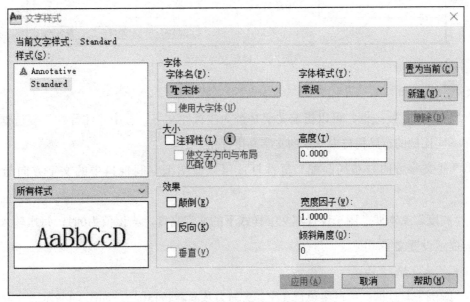

图7.1 "文字样式"对话框

1. "样式"选项组

"样式"选项组用于显示图形中的文字样式列表，包括创建的文字样式及默认的文字样式。默认的文字样式一般包括Standard以及Annotative。其中，Annotative为注释性文字样式。系统默认的文字样式一般无法满足绘图需求，可以根据实际情况自行创建所需的文字样式。

2. "字体"选项组

"文字样式"对话框的"字体"选项组用于设置文字样式使用的字体。其中，"字体名"下拉列表框中给出了当前系统中所有可用的字体，包括"TrueType字体"和"shx字体"。

选择"TrueType字体"时，包括一般字体名和前面带有@符号的字体名。其区别为：选择一般字体，文字方向为横向，即从左至右水平排列；选择前面带有@符号的字体，文字方向为竖向，即从上至下竖直排列。

选择"shx字体"时，可以使用大字体。选中"使用大字体"复选框，"字体名"下拉列表框变为"shx字体"下拉列表框，"字体样式"下拉列表框变为"大字体"下拉列表框。

在AutoCAD中还提供了符合中文标注要求的字体类形文件：gbenor.shx、gbeitc.shx和gbcbig.shx，如图7.2所示。其中，gbenor.shx和gbeitc.shx文件分别用于标注直体和斜体字母与数字；gbcbig.shx则用于标注中文。

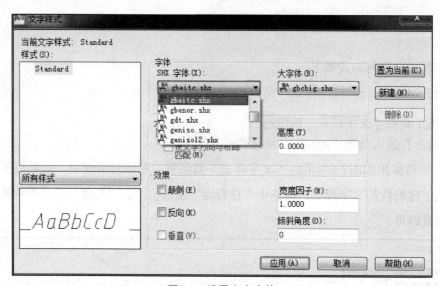

图7.2　设置文字字体

3. "大小"选项组

（1）"注释性"复选框：可以指定文字是否为注释性文字。选中"注释性"复选框，可以使同一图形在不同比例的布局视口中显示的文字高度保持一致。

（2）"使文字方向与布局匹配"复选框：可以使图纸空间视口中的文字方向与布局方向匹配。

（3）"高度"文本框：用于设置本文字样式下的文字高度。当该值为0时，每次输入单行文字前，系统会提示设置文字高度。

4. "效果"选项组

（1）"颠倒"复选框：可以将单行文字以X轴为基准翻转180°，如图7.3所示。

（2）"反向"复选框：可以将单行文字以Y轴为基准翻转180°，如图7.4所示。

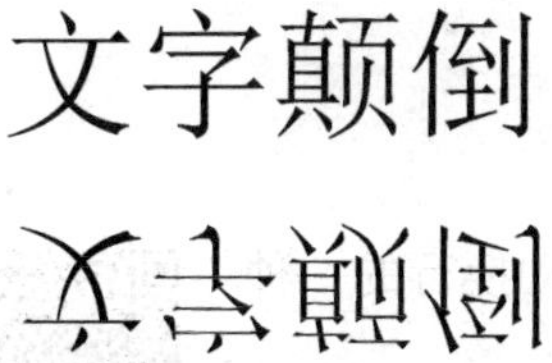

文字颠倒

文字反向

图7.3　文字颠倒　　　　　　　　　　　　　　　　图7.4　文字反向

（3）"垂直"复选框：可以将文本由默认的水平标注改为垂直标注，如图7.5所示。只有在选定字体支持双向时，"垂直"复选框才可以使用，"TrueType字体"的垂直定位不可以使用。

（4）"宽度因子"文本框：是指文字的宽度和高度之比，不是单纯地指文字的宽度。该值小于1.0将压缩文字，大于1.0将扩大文字，如图7.6所示。

（5）"倾斜角度"文本框：设置文字的倾斜角度。当角度为正数时向右倾斜，角度为0时不倾斜，角度为负数时向左倾斜，如图7.7所示。

A
B
C
D　ABCD

宽度因子
宽度因子
宽度因子

倾斜角度
倾斜角度
倾斜角度

图7.5　文字垂直 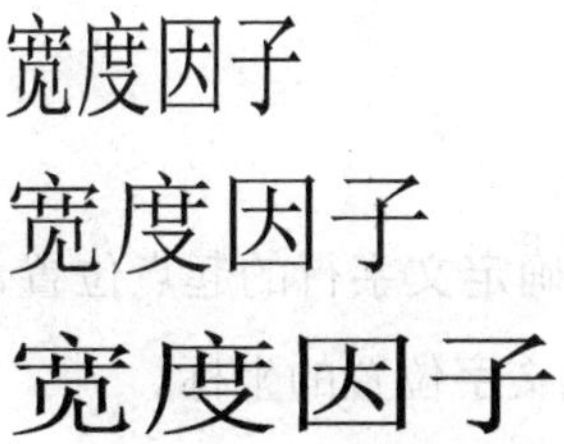　　　　　　　　　图7.6　宽度因子 　　　　　　　图7.7　倾斜角度

5. 新建、删除文字样式

（1）"新建"按钮：单击该按钮打开"新建文字样式"对话框，如图7.8所示。在"样式名"文本框中输入新建文字样式名称后，单击"确定"按钮可以创建新的文字样式。新建的文字样式将显示在"设置文字字体"对话框中的"样式"列表框内。

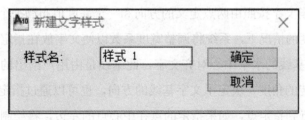

图7.8　"新建文字样式"对话框

（2）"删除"按钮：选中"样式"列表框内的某一文字样式后，单击"删除"按钮可以删除选中的文字样式，但无法删除当前正在使用的文字样式和默认的Standard样式。

（3）"置为当前"按钮：选中"样式"列表框内的某一文字样式后，单击该按钮可以将选中的文字样式设置为默认文字样式。

7.2 创建单行文本

单行文字标注是指在标注时每次只能输入一行文字，系统不会自动换行的一种文字样式。调用单行文字命令的方式如下：

（1）执行"绘图"→"文字"→"单行文字"命令；

（2）单击工具栏"单行文字"按钮 **A**；

（3）在命令行输入命令"text"或"dtext"（快捷键dt）。

单行文本的
创建及编辑

操作过程：

```
命令:dtext↙

当前文字样式："Standard"文字高度:2.5000注释性:否

指定文字的起点或[对正(J)/样式(S)]:

指定高度<2.5000>:

指定文字的旋转角度<0>:
```

各选项的意义如下：

（1）指定文字的起点：用于确定文字行的起点位置，可以用鼠标在界面内单击选择插入文字的位置，也可以在命令行输入插入文字位置的坐标。

（2）对正（J）：用于确定文字的排列方式及方向。选择此选项后，命令行将提示：

```
输入选项 [对齐（A）/布满（F）/居中（C）/中间（M）/右（R）/左上（TL）/中上（TC）/右上（TR）/左中（ML）/正中（MC）/右中（MR）/左下（BL）/中下（BC）/右下（BR）]:
```

各参数意义如下：

1）对齐（A）：通过指定基线端点来指定文字的高度和方向。文字的大小根据其高度按比例调整。

2）布满（F）：指定文字按照由两点定义的方向和一个高度值布满一个区域，只适用于水平方向的文字。在不改变高度的情况下，系统将调整宽度系数以使文字放在指定的两点之间。

3）居中（C）：从基线的水平中心对齐文字，此基线是由用户给出的点指定的。旋转角度是指基线以中点为圆心旋转的角度，决定了文字基线的方向，也可以通过指定点来决定该角度。文字基线的绘制方向为从起点到指定点，如果指定的点在中心点的左边，将绘制出倒置的文字。

4）中间（M）：文字在基线的水平中点和指定高度的垂直中点上对齐。"中间"选项与"正中"选项不同。"中间"选项使用的中点是所有文字包括下行文字在内的中点；"正中"选项使用大写字母高度的中点。

5）右（R）：向指定的基线右对正文字。

6）左上（TL）：向指定点左对正文字，只适用于水平方向的文字。

7）中上（TC）：向指定点居中对正文字，只适用于水平方向的文字。

8）左上（TR）：向指定点右对正文字，只适用于水平方向的文字。

9）左中（ML）：向指定的文字中间点左对正文字，只适用于水平方向的文字。

10）正中（MC）：向文字的中央水平和垂直居中对正文字，只适用于水平方向的文字。

11）右中（MR）：向指定的文字中间点右对正文字，只适用于水平方向的文字。

12）左下（BL）：向指定为基线的点左对正文字，只适用于水平方向的文字。

13）中下（BC）：向指定为基线的点居中对正文字，只适用于水平方向的文字。

14）右下（BR）：向指定为基线的点靠右对正文字，只适用于水平方向的文字。

（3）样式：改变文字的样式。

（4）指定高度：改变文字的高度。

（5）指定文字的旋转角度：改变文字的旋转角度。

以上参数设定完成后，即可进行文字标注。单行文字命令在使用过程中可以通过Enter键进行换行，但换行后输入的标注文字会自动成为一个单独的实体，不易于进行统一的编辑。

7.3　创建多行文本

多行文字标注是指一次可以根据需要输入多行文字，并且输入的多行文字是一个实体，易于编辑。调用多行文字命令的方式如下：

（1）执行"绘图"→"文字"→"多行文字"命令；

（2）单击工具栏"多行文字"按钮 **A**；

（3）在命令行输入命令"mtext"（快捷键mt）。

操作过程：

命令：_mtext↙

当前文字样式："Standard"文字高度：2.5注释性：否

指定第一角点：

指定对角点或[高度(H)/对正(J)/行距(L)/旋转(R)/样式(S)/宽度(W)/栏(C)]：

各项的意义如下：

（1）指定第一角点：指定多行文字输入框的第一个角点。

（2）指定对角点：指定多行文字输入框的对角点。

执行命令后，系统将弹出"文格式字"工具栏，如图7.9所示。

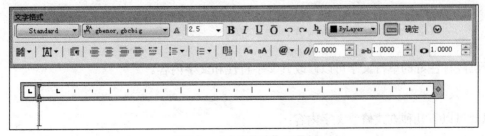

图7.9　"文字格式"工具栏

（3）高度（H）：指定文字的高度。

（4）对正（J）：与单行文字相同，用来确定文字相对于边框的位置，并设置文字输入的走向。

（5）行距（L）：用来控制文字行间距的大小。

（6）旋转（R）：用来控制文字相对于基线的旋转角度。

（7）样式（S）：更改文字的样式。

（8）宽度（W）：用来确定边框的宽度，控制文字自动换行的位置。

（9）栏（C）：控制文字分栏数目、栏宽、间距等。

若需要输入特殊符号，单击图7.9所示的"符号"按钮 @▾ 即可以在下拉菜单（图7.10）中选择；也可以根据各符号后给出的控制码，输入完整代码得到相应符号。

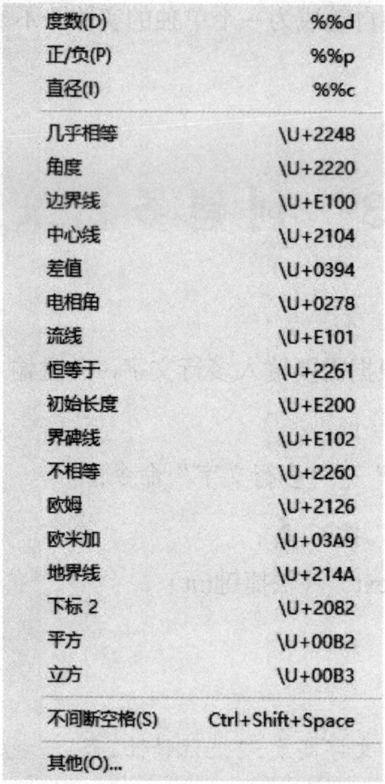

度数(D)	%%d
正/负(P)	%%p
直径(I)	%%c
几乎相等	\U+2248
角度	\U+2220
边界线	\U+E100
中心线	\U+2104
差值	\U+0394
电相角	\U+0278
流线	\U+E101
恒等于	\U+2261
初始长度	\U+E200
界碑线	\U+E102
不相等	\U+2260
欧姆	\U+2126
欧米加	\U+03A9
地界线	\U+214A
下标 2	\U+2082
平方	\U+00B2
立方	\U+00B3
不间断空格(S)	Ctrl+Shift+Space
其他(O)...	

图7.10　特殊符号下拉菜单

7.4　编　辑　文　本

7.4.1　编辑单行文本

对于已经标注好的单行文字可以修改其文字特性和文字内容。

1. 修改文字内容

可以通过以下几种方式修改文字内容：

（1）双击文字在绘图区域直接修改；

（2）通过ddedit命令修改；

（3）在命令行输入命令"ddeditt"（快捷键ed）。

命令：_ddedit↙

选择注释对象或[放弃(U)]：

用鼠标左键单击选择需要编辑的文本即可对文字内容进行修改。

2. 修改文字特性

通过修改文字样式来修改文字的颠倒、反向、垂直等效果。

3. 修改文字内容及特性

单击鼠标左键选择文本，在弹出的对话框中修改文字内容及特性，如图7.11所示。

通过properties命令调用特性管理器编辑文本：先单击鼠标左键选择文本，在命令行中输入"properties"，并按Enter键启动特性管理器，即可进行文本编辑，如图7.12所示。

图7.11　修改文字特性　　　　　　　　图7.12　特性管理器

7.4.2　编辑多行文本

1. 修改文字内容

双击文字在绘图区域直接修改。

2. 修改文字特性

单击"文字"工具栏中的按钮 ，弹出"文字样式"对话框（图7.1），可以对文字特性进行编辑。

3. 修改文字内容及特性

通过ddedit命令修改文本：在编辑多行文字时，输入"ddedit"会调出"文字格式"工具栏（图7.9），既可以修改文字内容，也可以修改文字特性。

单击鼠标左键选择文本，在弹出的对话框中修改文字内容及特性。

通过properties命令调用特性管理器编辑文本：先单击鼠标左键选择文本，在命令行输入"properties"并按Enter键，启动特性管理器，即可进行文本编辑。

7.5　表格的使用

在绘图过程中，经常需要标注与图形相关的标准、数据、材料等信息，表格可以通过行和列这样一种简洁清晰的形式来提供所需信息。从客观上讲，建筑工程施工图内容只有少量的表格出现，如门窗表、施工做法等，因此，表格功能较少得到应用；少数情况下，利用表格功能可以完成高效率的统计等操作，如18.5.2中字段应用的组成功能之一就是表格的这种高级功能。

表格的使用

7.5.1　表格样式

表格的外观由表格样式控制，适用于保证标准的字体、颜色、高度和行距等参数。可以使用默认的Standard表格样式，也可以创建自己的表格样式。定义表格样式的操作方式如下：

（1）执行"格式"→"表格样式"命令；

（2）单击工具栏"表格样式"按钮 ；

（3）在命令行输入命令"tablestyle"。

执行命令后，系统弹出"表格样式"对话框，如图7.13所示。

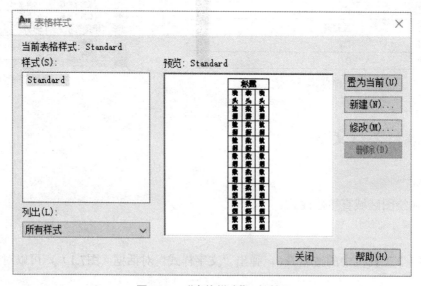

图7.13　"表格样式"对话框

其中，"样式"列表框中列出当前图形所包含的表格样式。

"预览"图像框中显示出选中表格的预览图像。

"置为当前"按钮用于将"样式"列表框中选中的表格样式置为当前样式。

"删除"按钮用于删除选中的表格样式。

"新建""修改"按钮分别用于新建表格样式、修改已有的表格样式。

如需新建表格样式，可以单击"表格样式"对话框中的 新建(N)... 按钮，AutoCAD弹出"创建新的表格样式"对话框，如图7.14所示。

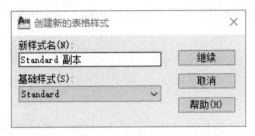

图7.14　"创建新的表格样式"对话框

通过对话框中的"基础样式"下拉列表选择基础样式，并在"新样式名"文本框中输入新样式的名称后（如输入"表格1"），单击"继续"按钮，系统弹出"新建表格样式"对话框，如图7.15所示。

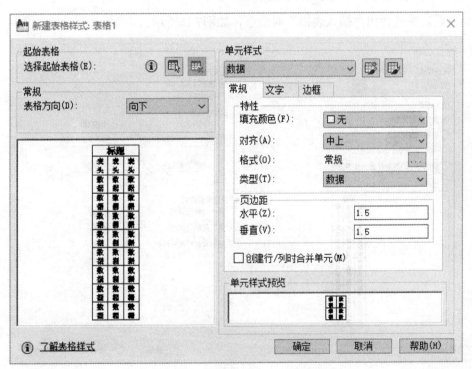

图7.15　"新建表格样式"对话框

在此对话框中，左侧有"起始表格""表格方向"下拉列表框和"预览"图像框三部分。其中，"起始表格"用于指定一个已有表格作为新建表格样式的模板，在新建表格样式过程中，没有进行设置的参数，默认与"起始表格"保持一致。"表格方向"下拉列表框用于确定插入表格时的方向，有"向下"和"向上"两个选项。"向下"表示创建由上而下读取的表，即标题行和列标题行位于表的顶部；"向上"则表示将创建由下而上读取的表，即标题行和列标题行位于表的底部。"预览"图像框用于显示新创建表格样式的预览图像。

"新建表格样式"对话框的右侧有"单元样式"选项组等，用户可以通过对应的下拉列表确定要设置的对象，即在"数据""标题"和"表头"之间进行选择。

在选项组中，"常规""文字"和"边框"3个选项卡分别用于设置表格中的基本内容、文字和边框。

完成表格样式的设置后，单击"确定"按钮，AutoCAD返回到"表格样式"对话框，并将新定义的样式显示在"样式"列表框中。单击该对话框中的"确定"按钮关闭对话框，完成新表格样式的定义。

7.5.2　创建表格

AutoCAD中，表格可以从其他软件（如Excel）中复制；可以采用导入的方法生成；也可以在设置好表格样式后，直接创建生成。调用创建表格命令的方式如下：

（1）执行"绘图"→"表格"命令；

（2）单击工具栏"表格"按钮；

（3）在命令行输入命令"table"（快捷键tb）。

执行命令后，系统弹出"插入表格"对话框，如图7.16所示。

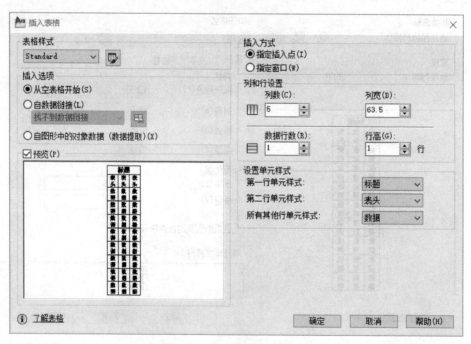

图7.16　"插入表格"对话框

在图7.16中，"表格样式"选项组用于选择要使用的表格样式，可以选择软件自带的Standard样式，也可以选择在上一步自己创建的表格样式。

"插入选项"选项组用于确定如何为表格填写数据。

"预览"图像框用于预览表格的样式。

"插入方式"选项组设置将表格插入图形时的方式。

"列和行设置"选项组则用于设置表格中的行数、列数及行高和列宽。

"设置单元样式"选项组分别设置第一行、第二行和其他行的单元样式，即在"数据""标题"和"表头"之间进行选择。

通过"插入表格"对话框确定表格数据后，单击"确定"按钮，系统将提示"table，在屏幕上指定插入点"，表格即创建成功。插入后，AutoCAD直接弹出"文字格式"工具栏，并将表格中的第一个单元格醒目显示，此时即可向表格输入文字。

7.5.3 填充文字

创建表格后，第一个单元会亮显，并弹出"文字格式"工具栏，如图7.17所示，这时可以在光标处输入文字。单元的行高会随输入字段的行数自行调整。要移动到下一个单元，可以按Tab键或Enter键，两者的区别为：按Tab键光标在行内移动；按Enter键光标在列内移动。也可以使用方向键向左、向右、向上和向下移动。

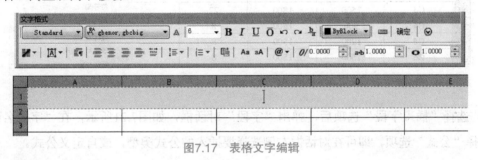

图7.17　表格文字编辑

输入文字后如图7.18所示。

	A	B	C	D	E	F
1			门窗表			
2	名称	宽	高	数量	标准图集编号	备注
3	M1	1000	2100	18		
4	M2	500	2100	8		
5	M3	900	2100	5		
6	M4	1200	2100	5		
7	C1	1800	1800	22		
8	C2	2400	1800	22		
9	C3	1500	1800	22		
10	C4	900	1500	8		
11	C5	1200	1500	8		
12	C6	1500	1500	8		

图7.18　输入文字的结果

在AutoCAD中，表格中可以插入公式进行运算，如求和、平均和计数等。插入各类公式的方法有以下几种：

（1）先选中表格，再单击鼠标左键选中要插入公式的单元，弹出"表格"工具栏，如图7.19所示。单击"表格"工具栏中的"插入公式"按钮 f_x ▼，可在下拉菜单中选择所需公式，选择"方程式"选项时，可自定义公式。

图7.19 "表格"工具栏

（2）先选中表格，再双击鼠标左键选中要插入公式的单元，随后单击鼠标右键，弹出下拉菜单，选择"插入字段"选项，如图7.20所示。

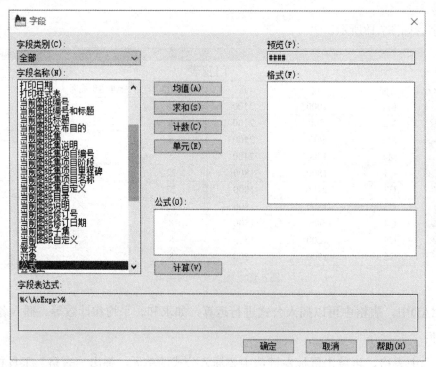

图7.20 插入公式

（3）选择"插入字段"选项后，弹出"字段"对话框，如图7.21所示，在"字段名称"下拉列表中选择"公式"选项，即可在对话框右侧选择要插入的公式类型，或自定义公式。

图7.21 "字段"对话框

7.5.4 修改表格

表格创建完成后，用户可以单击该表格上的任意网格线以选中该表格，然后通过夹点来修改表格，如图7.22所示。

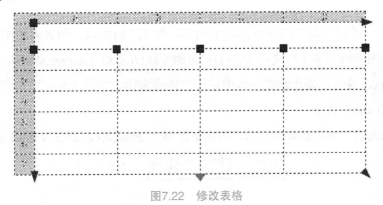

图7.22 修改表格

（1）修改表格的高度或宽度时，行或列将按比例变化。

（2）修改单列的宽度时，整个表格将加宽或变窄，以适应列宽的变化。

（3）要维持表格宽度不变，可以在使用夹点时按住Ctrl键。

（4）要修改表格单元，可以在单元内单击以选中它。单元边框的中央将显示夹点。拖动单元上的夹点，可以使单元及其列或行更宽或更窄。

（5）要选择多个单元，请单击并在多个单元上拖动。按住Shift键并在另一个单元内单击，可以同时选中这两个单元及它们之间的所有单元。

（6）要删除表格中的行或列，可以先选中表格，再单击鼠标左键选中要删除的行或列，弹出"表格"工具栏（图7.19），单击"表格"工具栏中的"删除行"按钮 或"删除列"按钮 ，可以进行修改。

（7）单击鼠标左键选中要合并的所有单元，弹出"表格"工具栏（图7.19），单击"表格"工具栏中的"合并单元"按钮 ，即可进行合并单元格的操作。

7.6 实训操作1——创建实用图签

使用表格等相关命令创建如图7.23所示的图签，图中尺寸为打印到图纸上的实际尺寸。如果绘图比例为1:1，出图比例为1:X，那么需要将此图签放大X倍。

×× 建筑设计有限责任公司			工程名称			设计号		10
审 定		校 对	建设单位			图 号		10
审 核		设 计	图 名			比 例		10
设计负责人		制 图				日 期		10
20	20	20	20	20	60	20	20	

图7.23 某设计院使用的实用图签

7.7 实训操作2——创建图名及文字注释

1. 实训1：图名

在绘图实践中，需要为施工图或详图加上图名，如图7.24所示。图名多由中文组成或字母组成。涉及中文时采用的西文字体样式可为CAD自带的字体txt.shx、simplex.shx等，大字体中文字体样式可为gbcbig.shx，或者直接在西文字体中采用黑体或宋体。字体大小，以打印到图纸上的尺寸计，常为7 mm、10 mm等高度。

按照我国目前的建筑制图新规范要求，图名下绘制一条标志线，宽度可选0.5 mm。

传达室建筑平面图 1:100

图7.24 最新的图名样式

2. 实训2：文字注释

请注写1.8或7.8实训内容中的说明文字等，字体高度按5 mm定。

7.8 本单元附图——某传达室建筑结构施工图

本节附图为某单位传达室建筑结构施工图。建筑设计风格充满现代感，立面造型丰富，结构布置合理紧凑，为混凝土框架结构。建筑、结构施工图共包含11页图纸，如图7.25～图7.35所示。从建筑施工图角度讲，稍显复杂；在完全读懂图纸的基础上，如果能遵循一定的建筑空间思维过程，则绘制过程将显得有序而流畅。结构施工图中，包含混凝土独立基础，梁采用平面整体表示法等，檐口处做法稍显复杂，可结合建筑墙身大样来绘制。可以作为课外加强练习、期末考核之用图。

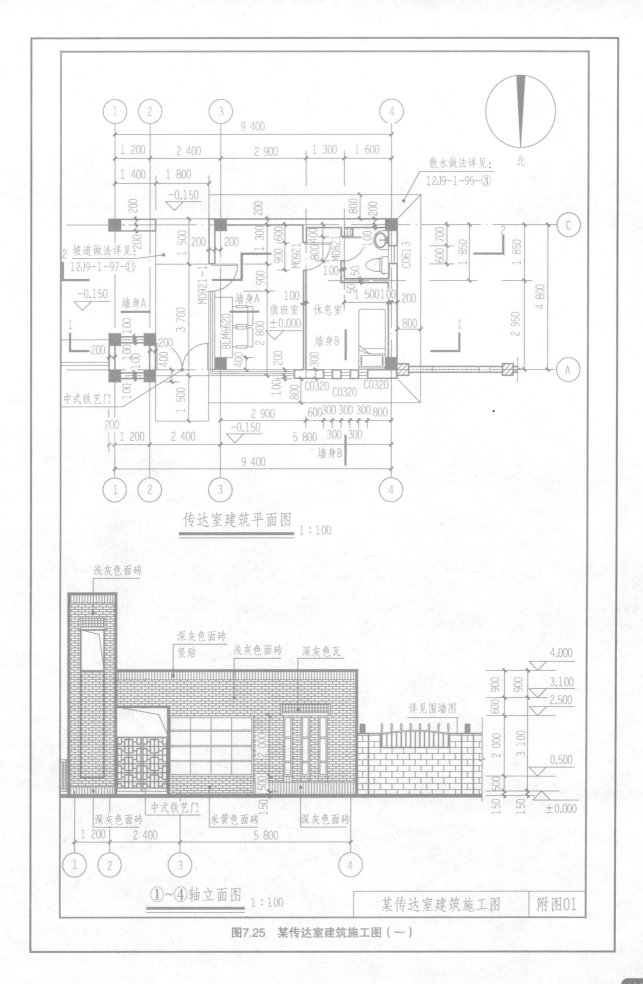

传达室建筑平面图 1:100

①~④轴立面图 1:100

某传达室建筑施工图 附图01

图7.25 某传达室建筑施工图（一）

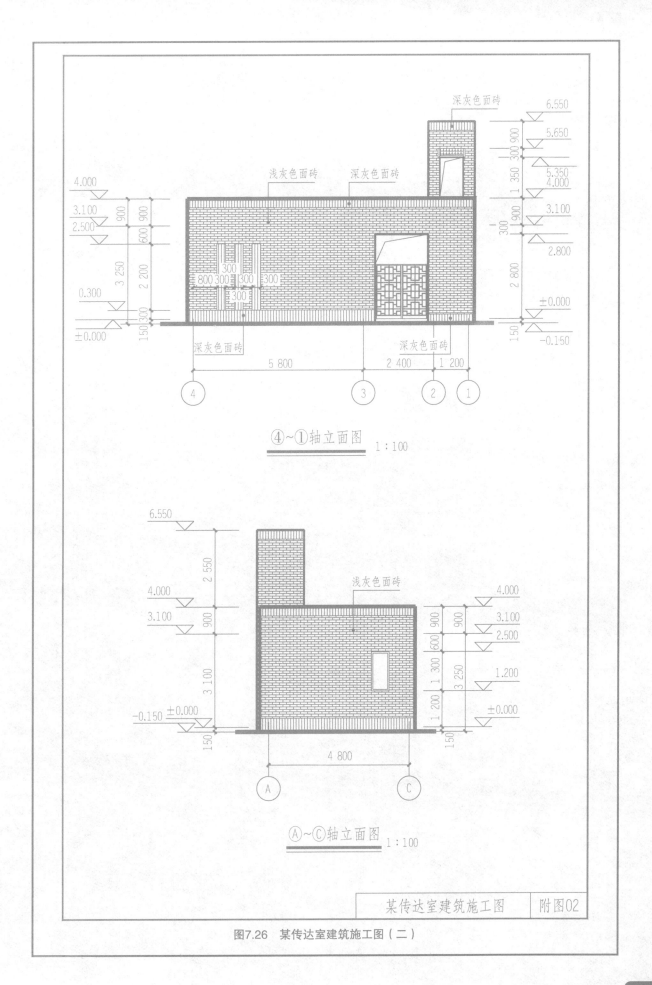

浅灰色面砖 深灰色面砖 深灰色面砖

④~①轴立面图 1:100

深灰色面砖 深灰色面砖

浅灰色面砖

Ⓐ~Ⓒ轴立面图 1:100

| 某传达室建筑施工图 | 附图02 |

图7.26 某传达室建筑施工图（二）

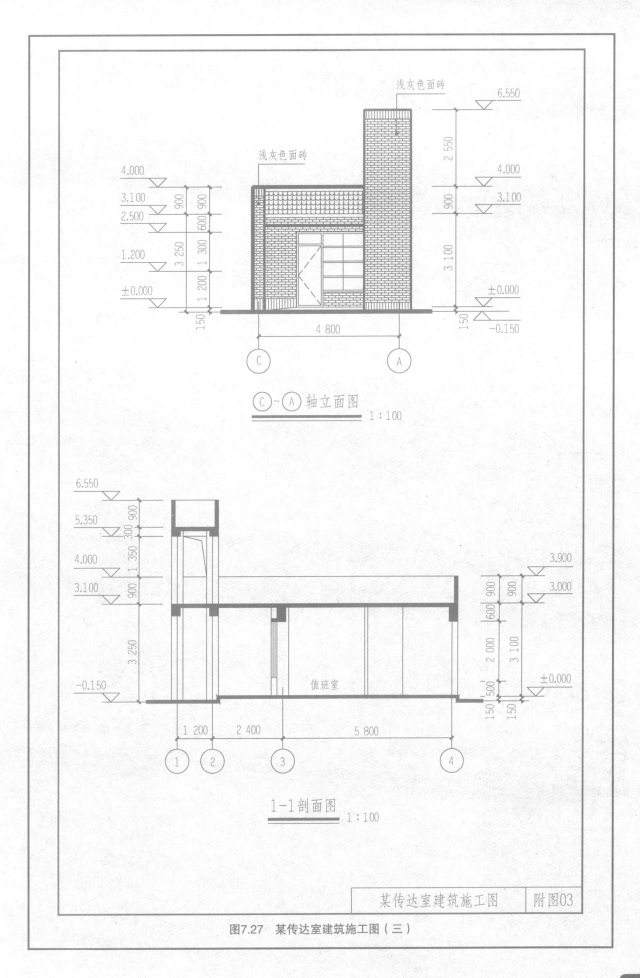

浅灰色面砖

浅灰色面砖

Ⓒ~Ⓐ 轴立面图 1:100

值班室

1—1剖面图 1:100

某传达室建筑施工图 | 附图03

图7.27 某传达室建筑施工图（三）

131

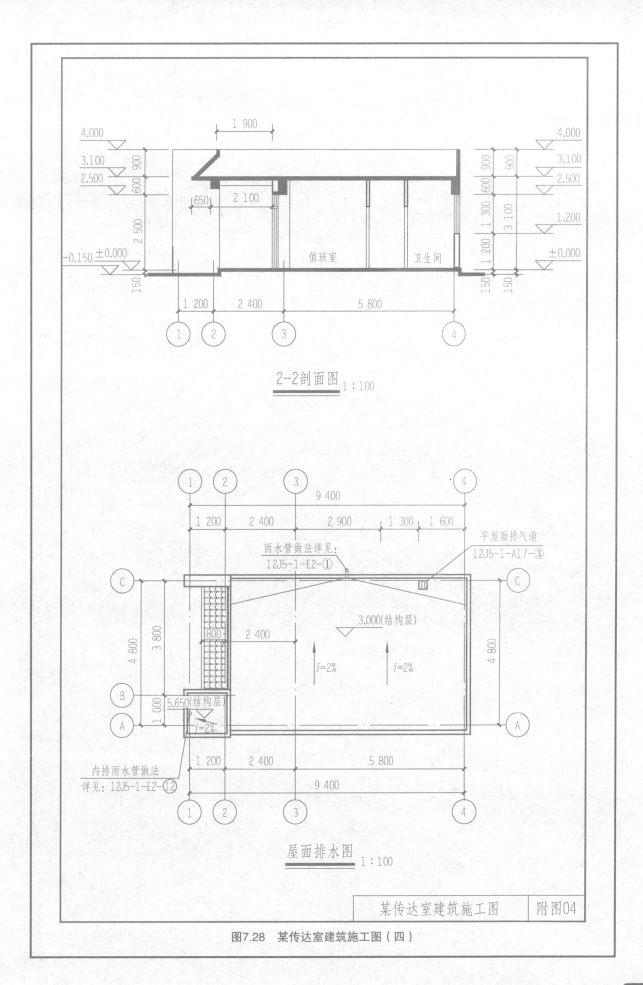

2-2剖面图 1:100

屋面排水图 1:100

| 某传达室建筑施工图 | 附图04 |

图7.28 某传达室建筑施工图（四）

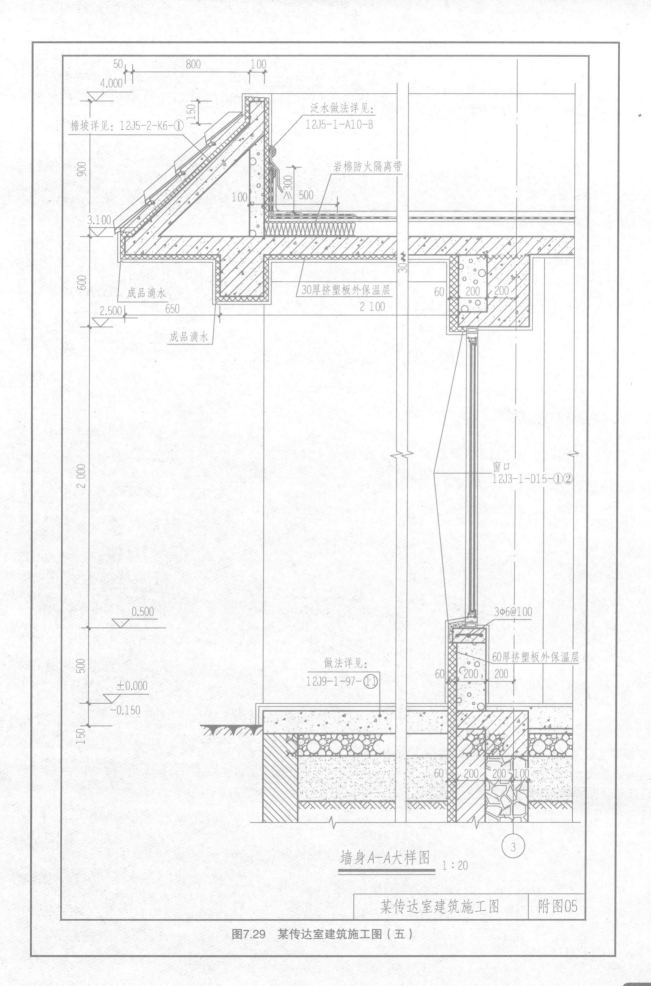

墙身A-A大样图 1:20

| 某传达室建筑施工图 | 附图05 |

图7.29 某传达室建筑施工图（五）

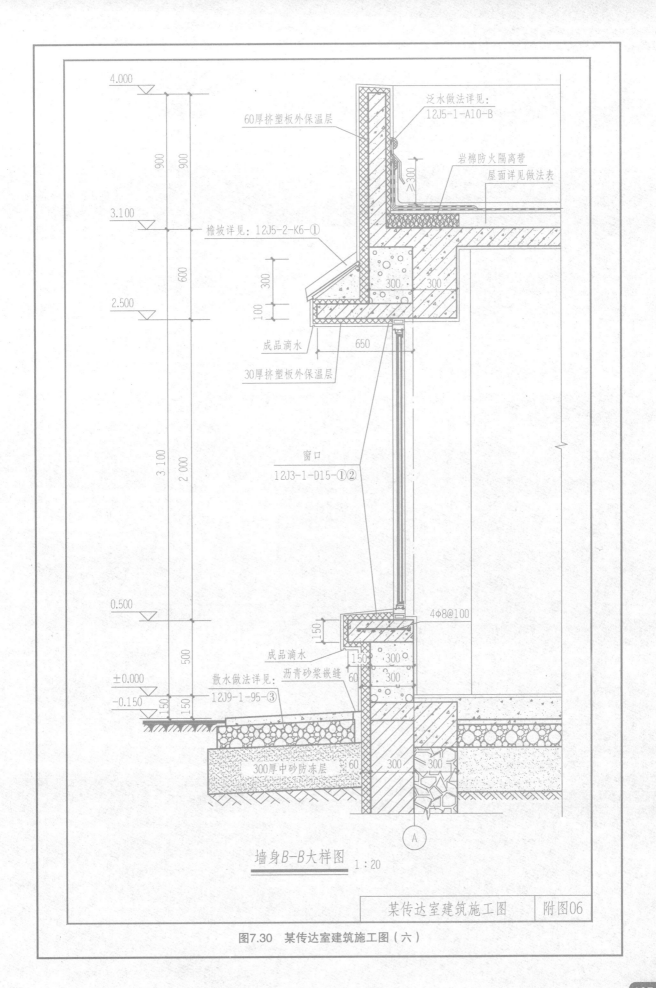

墙身B-B大样图 1:20

某传达室建筑施工图 | 附图06

图7.30　某传达室建筑施工图（六）

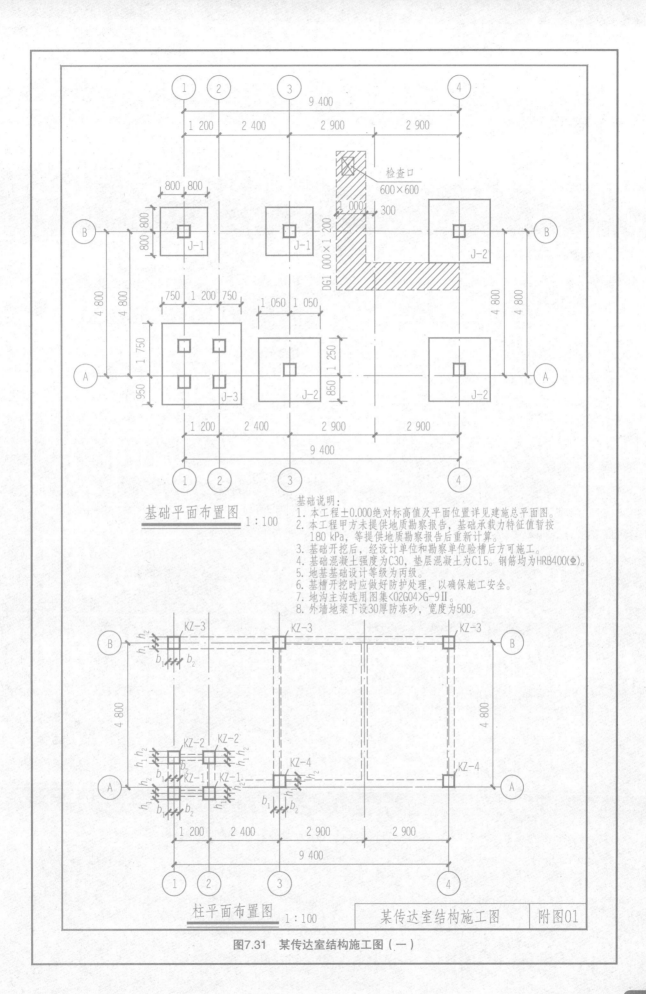

基础说明：
1. 本工程±0.000绝对标高值及平面位置详见建施总平面图。
2. 本工程甲方未提供地质勘察报告，基础承载力特征值暂按180 kPa，等提供地质勘察报告后重新计算。
3. 基础开挖后，经设计单位和勘察单位验槽后方可施工。
4. 基础混凝土强度为C30，垫层混凝土为C15。钢筋均为HRB400(Φ)。
5. 地基基础设计等级为丙级。
6. 基槽开挖时应做好防护处理，以确保施工安全。
7. 地沟主沟选用图集〈02G04〉G-9Ⅱ。
8. 外墙地梁下设30厚防冻砂，宽度为500。

基础平面布置图 1:100

柱平面布置图 1:100

某传达室结构施工图   附图01

图7.31 某传达室结构施工图（一）

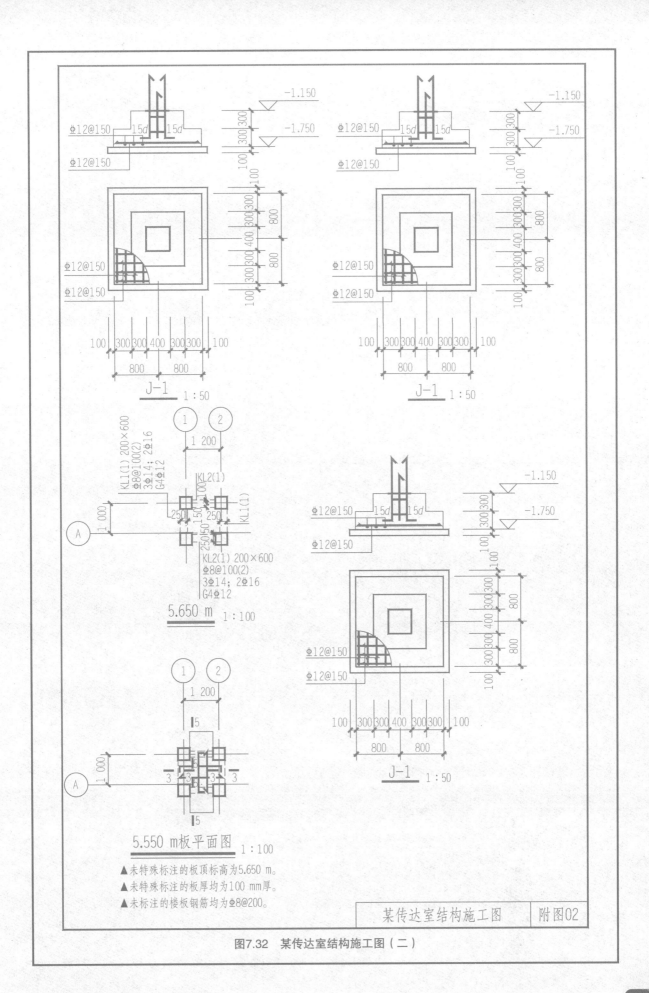

J-1 1:50

J-1 1:50

KL1(1) 200×600
Φ8@100(2)
3Φ14; 2Φ16
G4Φ12

KL2(1)

KL1(1)

KL2(1) 200×600
Φ8@100(2)
3Φ14; 2Φ16
G4Φ12

5.650 m 1:100

J-1 1:50

5.550 m板平面图 1:100

▲未特殊标注的板顶标高为5.650 m。
▲未特殊标注的板厚均为100 mm厚。
▲未标注的楼板钢筋均为Φ8@200。

| 某传达室结构施工图 | 附图02 |

图7.32 某传达室结构施工图（二）

柱表

柱号	标高	$b \times h$	b_1	b_2	h_1	h_2	纵筋	类型	箍筋加密/非加密
KZ-1	基础顶~-0.050	400×400	200	200	200	200	8Φ16	1.(3×3)	Φ8@100/150
	-0.050~3.100	400×400	200	200	200	200	8Φ16	1.(3×3)	Φ8@100/150
	-0.050~3.100	400×400	200	200	200	200	8Φ16	1.(3×3)	Φ8@100/150
KZ-2	基础顶~-0.050	400×400	200	200	200	200	8Φ16	1.(3×3)	Φ8@100/150
	-0.050~3.100	400×400	200	200	200	200	8Φ16	1.(3×3)	Φ8@100/150
	-0.050~3.100	400×400	200	200	200	200	8Φ16	1.(3×3)	Φ8@100/150
KZ-3	基础顶~-0.050	400×400	200	200	200	200	8Φ16	1.(3×3)	Φ8@100/150
	-0.050~3.100	400×400	200	200	200	200	8Φ16	1.(3×3)	Φ8@100/150
KZ-4	基础顶~-0.050	400×400	200	200	200	200	8Φ16	1.(3×3)	Φ8@100/150
	-0.050~3.100	400×400	200	200	200	200	8Φ16	1.(3×3)	Φ8@100/150

说明:
· 标高单位为m,其他未注明的单位为mm。
· 节点构造详见16G101-1图集。
· 柱定位尺寸详见柱平面图。
· 柱纵向钢筋的绑扎接头应避开柱端的箍筋加密区。

地梁结构平面图 1:100

▲未特殊标注的梁顶标高为-0.050 m。
▲图中梁平面整体配筋图说明及具体做法详见《混凝土结构施工图平面整体表示方法制图规则和构造详图(现浇混凝土框架、剪力墙、梁、板)》(16G101-1)。
▲除注明外,梁中心线位置均居轴线中或梁边线与柱、墙边线平齐。
▲主次梁相交处,图中未原位引注的附加箍筋3根,间距为50,附加箍筋直径及肢数均同该梁箍筋。

某传达室结构施工图	附图03

图7.33 某传达室结构施工图(三)

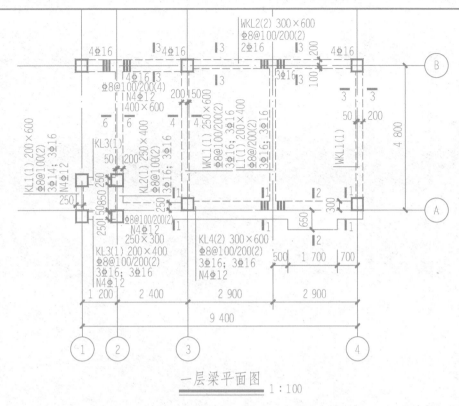

一层梁平面图 1:100

说明:
▲未特殊标注的梁顶标高为3.100 m。
▲图中梁平面整体配筋图说明及具体做法详见《混凝土结构施工图平面整体表示方法制图规则和构造详图
（现浇混凝土框架、剪力墙、梁、板）》（16G101-1）。
▲除注明外，梁中心线位置均居轴线中或梁边线与柱、墙边线平齐。
▲主次梁相交处，图中未原位引注的附加箍筋3根，间距为50，附加箍筋直径及肢数均同该梁箍筋。

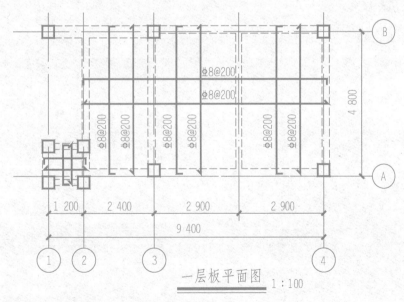

一层板平面图 1:100

说明:
▲未特殊标注的板顶标高为3.100 m。
▲未特殊标注的板厚均为100 mm厚。
▲未标注的楼板钢筋均为Φ8@20。

| 某传达室结构施工图 | 附图04 |

图7.34 某传达室结构施工图（四）

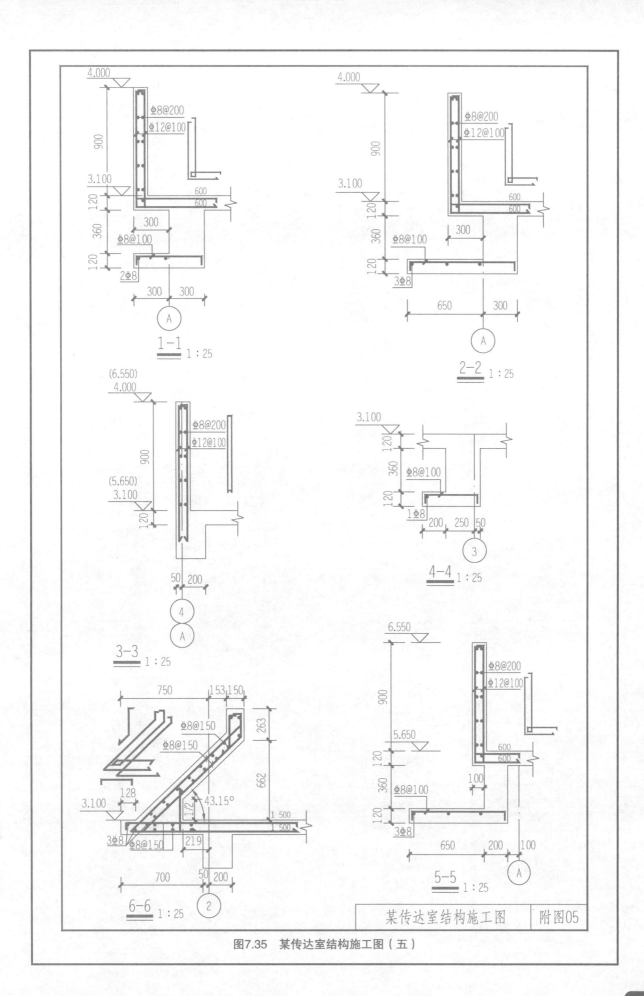

某传达室结构施工图   附图05

图7.35　某传达室结构施工图（五）

单元8　综合实训1——绘制建筑平面图

8.1　建筑施工图介绍

在建筑工程专业领域中，按照不同的工种可将建筑工程项目施工图分为建筑施工图、结构施工图、设备施工图、电气施工图等。建筑施工图简称建施，表示建筑物的总体布局、外部造型、内部布置、细部构造、内外装饰、固定设施和施工要求等。

建筑施工图一般包括图纸目录、总平面图、建筑设计总说明、建筑平面图、建筑立面图、建筑剖面图、建筑详图（节点大样图、门窗大样图等）、墙身大样图、楼梯布置图等。总之，各个图形按照自身的表达特征传递建筑物的相关信息，彼此之间有着严格的逻辑关系，共同表达出拟建建筑物的三维信息等。

目前，在国内的建筑领域中，绘制建筑施工图一般使用基于AutoCAD平台二次开发的软件，如天正建筑CAD系列软件、理正建筑CAD系列软件，主要是整合AutoCAD中若干命令的综合功能，开发出针对性更强的命令或工具条，具有简单易学、节省时间、提高设计效率的特点；当然，在使用以上二次开发的软件时，不能完全与AutoCAD的基本命令脱节。另外，目前流行的BIM类建筑建模软件也可进行建筑设计，但后期的施工图编辑、出图阶段等活动也离不开AutoCAD软件。

本章将使用AutoCAD中的基本命令绘制建筑施工图，旨在提高初学者的AutoCAD基础应用水平；换而言之，如果能熟练使用AutoCAD基本命令绘制建筑施工图，那么使用基于AutoCAD平台上二次开发的软件时，将会更加容易变通，操作上更加得心应手。

8.2　建筑施工图绘图要求及基本概念

我国建筑工程行业中有完善的国家制图标准，如《房屋建筑制图统一标准》（GB/T 50001—2017）、《CAD工程制图规则》（GB/T 18229—2000）、《技术制图　图纸幅面和格式》（GB/T 14689—2008）等。在AutoCAD中绘图时，应结合上述相关规范要求进行相应方面的设置，才能满足实际建筑施工图的需要。以下将介绍绘图基本规定及建筑施工图中需要认识的若干概念。

1. 图框规定

图框可以采用横式、立式两种幅面。常用的图纸及幅面应按图8.1、表8.1的要求设置；当标准A0~A4图纸长边长度不够时，可以按表8.2的要求加长，且短边一般不应加长。

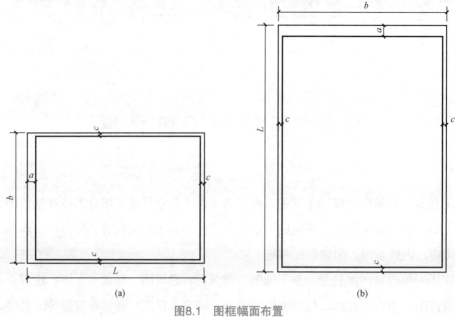

图8.1 图框幅面布置

（a）横式幅面；（b）立式幅面

表8.1 图框尺寸   mm

图幅	A0	A1	A2	A3	A4
$b \times L$	841×1 189	594×841	420×594	297×420	210×297
c	10			5	
a	25				

表8.2 图纸长边加长尺寸   mm

幅面尺寸	长边尺寸	1+1/8	1+1/4	1+3/8	1+1/2	1+5/8	1+3/4	1+7/8	1+1	1+5/4	1+3/2
A0	1 189	1 338	1 486	1 635	1 783	1 932	2 080	2 230	—	—	—
A1	841	—	1 051	—	1 261	—	1 471	—	1 682	1 892	2 102
A2	594	—	743	—	891	—	1 041	—	1 189	1 338	1 486
A3	420				630				841	—	—
A4	297	—			446				594	—	—
说明		"—"表示此类加长规格不常用，本表参照我国在AutoCAD基础上二次开发的天正建筑设计软件中推荐的加长规格，实际使用中可结合实际情况调整									

2. 文字高度

我国规范规定图纸中文字的高度采用3.5、5、7、10、14、20（mm）等；拉丁字母、阿拉伯数字与罗马数字的字体高度应不小于2.5 mm。

3. 绘图比例

在绘图阶段，AutoCAD中没有直接规定绝对的长度单位。在实际绘图中必须将AutoCAD中的图形单位与实际长度单位对应起来。在建筑工程施工图绘制中，常常默认1个图形单位等于1 mm长度单位。

因此，绘图比例是指将实际物体的单位与AutoCAD中的图形单位对应的一种关系。一般地，将实际物体的1 mm单位对应AutoCAD中的1个图形单位，即常言所说的，按照1∶1的绘图比例绘制施工图。

4. 打印比例

打印比例又称打图比例、出图比例、输出比例，指将AutoCAD中按一定绘图比例（如1∶1）绘制的图形，指令打印机按照一定的缩放比例打印到图纸上的过程。这一过程可以按某人去照相馆完成冲洗某一尺寸相片的过程来比拟。

打印操作有两种：其一，在模型空间中打印时，打印比例为1∶100，如图8.2所示；其二，在图纸空间中采用1∶100的视口比例布置图形时，打印比例则为1∶1。

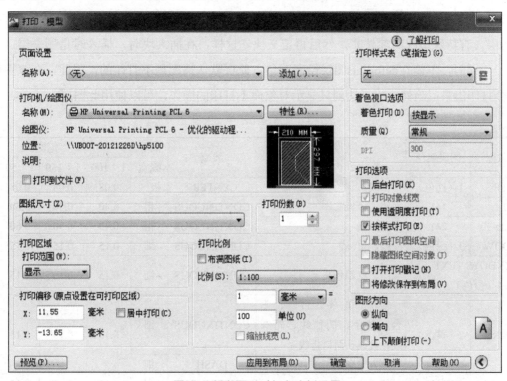

图8.2　打印图形时打印比例设置

在建筑工程实践中，建筑施工图的打印比例如下：

（1）建筑总平面图1∶1 000、1∶500；

（2）建筑平面、立面、剖面图1∶100或1∶150、1∶200；

（3）详图1∶20或1∶10、1∶50；

（4）墙身大样图1∶20，再放大的情况可采用1∶2或1∶5、1∶10；

（5）楼梯及电梯井道放大图1∶50；

（6）卫生间大样图1∶50或1∶20；

（7）门窗详图1∶100或1∶50；

（8）玻璃幕墙1∶100或1∶50。

5. 图形界限

命令：limits。

一般情况下，绘制施工图时不需要设置特定的图形界限，可以将整个计算机屏幕视为无限大的虚拟区域。除非是有特殊要求的情况下，如第三方程序读入AutoCAD图形时，要求将图形绘制于某一区域；或者是考虑打印时的方便性，设置了图形界限，可以直接打印图形界限内的图形，但一般也不常用。如理正勘察系列软件生成的工程地质剖面图等CAD图件就位于特定的区域。

6. 图层设置

图层的作用是可以分门别类地管理各层上的对象，便于显示、编辑对象，如显示、冻结、打印等操作。

命令：layer，设置图层时，可参照表8.3进行，本表为某设计院规定的图层参数，详细规定了图层名、线型、线宽及打印时采用的笔宽。

另外，最好不要将图形都绘制在0层上。0层主要用来定义图块。定义图块时，先将所有图元均设置为0层（有特殊情况时除外），然后再定义块。这样，在插入块时，插入时是哪一层，块就是哪一层了。同时，不能在defpoints图层绘制对象，此层默认情况是不打印的，因此，在该图层上的对象不会打印出来；当然，为了达到只显示对象而不打印的操作，可以使用此图层。

表8.3 建筑施工图中图层设置

图层名称	图层颜色	图层内容	线型	图层线宽	笔宽 1:100	1:150	1:50	1:20
DOTE	1（红色）	轴线	CENTER2	极细	0.08	0.08	0.08	0.08
WALL	141	墙、楼板	CONTINUOUS	粗	0.40	0.30	0.60	0.60
WALL-J	241	剪力墙	CONTINUOUS	粗	0.40	0.30	0.60	0.60
WINDOW	3（绿色）	门、窗	CONTINUOUS	细	0.15	0.15	0.15	0.15
WINDOW_TEXT	7（白色）	门、窗编号文字	CONTINUOUS	细	0.15	0.15	0.15	0.15
STAIR	2（黄色）	楼梯、电梯、台阶、阳台、扶手、门槛线、轮廓线、看线、洞口折线	CONTINUOUS	细	0.15	0.15	0.15	0.15
		上方轮廓投影线	DASH	细				
COLUMN	241	柱子	CONTINUOUS	细	0.15	0.15	0.15	0.15
AXIS	3（绿色）	外侧尺寸标注、标高、坡度	CONTINUOUS	细	0.15	0.15	0.15	0.15
AXIS_TEXT	7（白色）	外侧尺寸标注、标高、坡度文字	CONTINUOUS	细	0.15	0.15	0.15	0.15
PUB_DIM	4（青色）	内侧尺寸标注	CONTINUOUS	细	0.15	0.15	0.15	0.15
PUB_HATCH	252	剖面填充（1:100）	CONTINUOUS	细	0.13H	0.13H	—	—
PUB_TEXT	7（白色）	内侧尺寸标注文字	CONTINUOUS	中	0.15	0.15	0.15	0.15
文字	7（白色）	图名、房间名称、注解等文字	CONTINUOUS	中	0.15	0.15	0.15	0.15
面积	6（品红）	各种不打印的面积线和文字	CONTINUOUS	细	0.45B	0.45B	—	—
填充	7（白色）	各种填充、铺装	CONTINUOUS	细	0.13H	0.13H	0.15	0.15

图层名称	图层颜色	图层内容	线型	图层线宽	笔宽			
					1∶100	1∶150	1∶50	1∶20
洁具	142	洁具、厨具	CONTINUOUS	细	0.10	0.10	0.10	0.10
家具	253	各式家具	CONTINUOUS	细	0.13B	0.13B	—	—
绿化	74	绿化及绿化填充	CONTINUOUS	极细	0.08	0.08	0.08	0.08
图框	15	图框内所有（含文字）	CONTINUOUS	中	0.22	0.22	0.22	0.22
空调	40	空调室内及室外机	CONTINUOUS	细	0.15	0.15	0.15	0.15
空调字	7（白色）	空调室内及室外机标注	CONTINUOUS	细	0.15	0.15	0.15	0.15
雨水	3（绿色）	雨水找坡、文字及雨水管	CONTINUOUS	细	0.15	0.15	0.15	0.15
消火栓	11	消火栓留洞及尺寸标注	CONTINUOUS	细	0.15	0.15	0.15	0.15
烟道	57	烟道及烟道洞口折线	CONTINUOUS	细	0.15	0.15	0.15	0.15
辅助	6（品红）	各种不需打印的辅助性线条等	CONTINUOUS	细	0.13B	0.13B	—	—
说明：图层线宽分为粗、中、细、极细。笔宽后缀H指用50%灰度打印，笔宽后缀B指不打印。1∶25设置与1∶20通用								

7. 文字样式、尺寸样式等注释对象的设置

AutoCAD中绘制的图形中，可以分成两类对象：一类称为图形对象，即墙线、轴线、门窗等由实际物体投影所得的图形对象；另一类称为注释对象，即文字、尺寸标注、数字、轴号、块、图案填充等。顾名思义，注释对象是为图形对象服务的，即起到解释、说明图形的作用。注释对象的详细解释见11.2。

在纸质的建筑施工图中，无论平面图还是大样图等不同比例的图形，注释对象如文字、尺寸标注等必须保持一致的高度。为了达到这个目的，AutoCAD中必须对不同打印比例的图形中的注释对象进行相应的设置。

以上问题可归结为一个现实问题，即在AutoCAD中如何将不同打印比例的图形放在同一张图纸上。这个问题的答案，在AutoCAD各个版本的应用中有着多种基本的解决办法或方案。此处推荐三种绘图方案，以平面图出图比例为1∶100、大样图出图比例为1∶20为例，通过设置文字样式、尺寸标注样式的过程，列表进行对比回答，详见表8.4、表8.5、表8.6。

表8.4　方案一：图纸绘图、打印均在模型空间

文字样式（2个）	高度	1∶100、1∶20的样式均为5×100=500
尺寸标注样式（2个）	线、箭头	超出尺寸线、起点偏移量设为2；箭头均设为2
	文字高度	2.5
	全局比例	1∶100、1∶20的样式均为100
	测量因子	1∶100、1∶20各为1、20/100=0.2
绘图、打印操作		在模型空间绘图，1∶100的主图按1∶1绘图比例绘图，1∶20的详图按5∶1绘图比例绘图；均按1∶100打印比例在模型空间打印
综合评价		当打印比例不同时，需手动换算文字高度；致命缺点是测量因子不是1，错用尺寸标注样式会导致实际尺寸错误；图纸空间中布局的功能没有被利用
使用对象及场合		各个版本AutoCAD中均可使用，早期CAD设计工程师；中小型建筑设计院（所）、中小型项目等

表8.5 方案二：绘图在模型空间、打印在图纸空间

文字样式（2个）	高度	1：100、1：20的样式各为5×100=500、5×20=100
尺寸标注样式（2个）	线、箭头	超出尺寸线、起点偏移量设为2；箭头均设为2.5
	文字高度	2.5
	全局比例	1：100、1：20的样式各为100、20
	测量因子	1：100、1：20均为1
绘图、打印操作		在模型空间绘图；在图纸空间中应用布局布图，将1：100图形按照1：100显示比例布置于某一视口内，1：20图形按1：20显示比例布置于另一视口内，最后按1：1打印比例在图纸空间中打印
综合评价		当打印比例不同时，需手动换算文字高度；克服了方案一中的致命缺点；利用了图纸空间中布局的功能；在使用AutoCAD 2008以下版本的情况下，达到设计表达的最优选择
使用对象及场合		各个版本AutoCAD中均可使用；年轻CAD工程师；大型设计院

表8.6 方案三：绘图在模型空间、打印在图纸空间，带有注释性特点

文字样式（1个）	高度	5，选中"注释性"复选框
尺寸标注样式（1个）	线、箭头	超出尺寸线、起点偏移量设为2；箭头均设为2
	文字高度	2.5
	全局比例	不考虑，选中"注释性"复选框
	测量因子	1
绘图、打印操作		在模型空间绘图，添加注释性对象时需根据不同打印比例切换到相应的注释比例，如图8.3所示；在图纸空间打印
综合评价		当打印比例不同时，文字高度按图纸上的大小设置即可，不必手动换算，利用注释性即可自动完成；比方案二更加先进、科学、易操作；在高版本AutoCAD可以利用的情况下，能使建筑设计达到目前的最优状态；工程界没有意识到本方案的重要性
使用对象及场合		AutoCAD 2008版本以上使用；普及力度不够，使用对象较少，仅限研究人员、大型设计院、大型项目

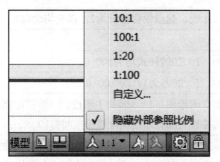

图8.3 不同注释比例的切换操作

文字样式执行命令：style；尺寸标注样式执行命令：dimstyle。

8. 线宽的设置

命令：lineweight，设置默认线宽。一般的建筑设计实践中，定义为0.13 mm或0.15 mm即可，如图8.4所示。

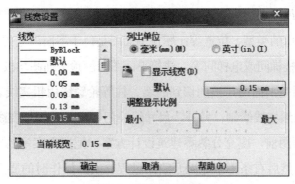

图8.4 设置默认线宽

9. 线型的设置

命令：linetype，一般可以在打印图形前统一设置，调整全局比例因子即可，如图8.5所示。

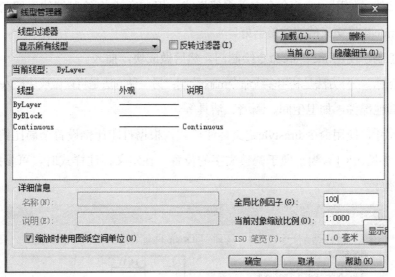

图8.5 调整线型的显示比例

8.3 建筑施工图绘制要点

建筑设计是为人类生活环境提供综合艺术和科学的专业。建筑工程设计一般有方案设计、初步设计和施工图设计。中小型工程项目可以将初步设计和施工图设计合为同一阶段。本节将从绘制建筑施工图的角度出发，谈谈建筑施工图的各组成部分的相关绘图要点。

1. 建筑总平面图

建筑总平面图是表达整个建筑场地、拟建建筑的总体布局的图纸，主要表达拟建建筑物与构筑物的位置、朝向，以及与周边道路环境的关系，是整个建筑施工图中首要表达的内容。但是，建筑总平面图的绘制过程比较简单，掌握好几个特定的命令可以方便地完成建筑总平面图的绘制。

2. 建筑平面图

一般地，建筑平面图是指用假想的水平剖切面在建筑物门窗洞口处剖切得到的俯视图，主要表示建筑的平面布局、大小尺寸、房间布置、入口、门厅与楼梯布置情况，表明墙和柱等构件的位置、厚度、所用材料，以及窗口的类型、位置等；屋顶平面图是位于屋面以上的俯视图，表示屋面的排水分区、烟道，凸出屋面的楼梯间或电梯间等。建筑平面图、屋顶平面图均按正投影法绘制。

从本质上讲，平面图是剖面图，被剖切到的墙、柱等轮廓线用粗实线表示，未被剖切到的部分如室外台阶、散水等采用细实线绘制；另外，尺寸线、门、窗等采用细实线绘制。

在着手绘制建筑平面图前，应充分熟悉建筑设计方案，把握方案中的要点，突出特点，通盘考虑，确定好绘图顺序等，然后有条不紊地展开绘图过程。实际操作时的要点如下：

（1）创建图层，如轴线层、墙线层、门窗层、文字层、尺寸标注层、隔墙层、图框线层等，总之，根据绘图的对象分类定义图层，越详细越好，参照表8.3进行。

（2）绘制轴线，使用line命令绘制轴线，然后用copy或offset命令，逐条复制。

（3）绘制墙线，使用mlstyle命令定义多线样式，用mline命令绘制墙线；留门窗洞口；最后使用多线编辑命令mledit将交叉的墙线修剪好。

（4）门的绘制，使用line、arc命令绘制门，然后做成块，插入。

（5）窗的绘制，一种方法是利用多线命令mline绘制；另一种方法是将窗做成块插入，可以带属性。

（6）绘制其他部件，如卫生间、隔墙、洁具等。

（7）标注尺寸，使用命令dimstyle定义标注样式，根据打印比例设置全局比例；根据实际情况选择绘图方案，参见表8.1。为了便于调整文字的位置，在定义标注样式时，可参照图8.6设置"调整"选项卡中参数。

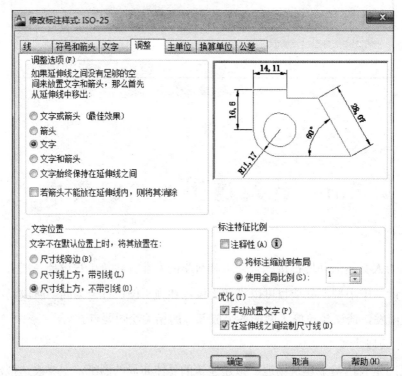

图8.6 尺寸标注中的"调整"选项卡参数设置

（8）剖切线可以使用pline命令绘制相对线宽的线段，也可以使用line命令绘制绝对线宽的线段。

（9）尺寸标注的位置需要调整时，可以使用stretch命令进行整体调整，或拖动尺寸标注的夹点进行编辑。

3. 建筑详图

一般地，建筑平面图、立面图、剖面图表达建筑的平面布置、外部形状和主要尺寸关系，但因反映的内容范围大、比例小，对建筑的细部构造不能够表达得细致、清楚。实践中，为了满足施工要求，将建筑的细部构造用较大的比例详细绘制出来，此类图被称为建筑详图，简称详图。其特点是比例大，必须使用较大比例（1∶5、1∶10、1∶15、1∶20等）来绘制，主要表达构配件的详细构造关系、所用的各种材料及其规格、各部分的详细尺寸，包括需要标注的标高、有关施工要求和做法的说明等。

建筑详图一般以详图符号与被索引图样的索引符号相对应。

4. 墙身详图（墙身大样图）

墙身详图也称墙身大样图，主要反映典型外墙体的竖向剖面从下至上连续的放大详图，外墙体内外部分表达细部的构成、结构构件、室内外的连接关系，以及楼地面的做法等。

墙身大样图主要表达外墙与地面、楼面、屋面的构造连接情况及檐口、门窗顶、窗台、勒脚、防潮层、散水等的构造情况。为简便计，通常在门窗洞口处将大样图用折断线断开，常采用1∶20的打印比例出图。

8.4 本单元命令

8.4.1 List命令

在AutoCAD中包含着一个图形数据库，包括大量与图形相关的信息。而查询命令就是用于查询和提取图形信息的，利用查询功能，可以查询点的坐标、两点之间的距离、半径、角度、面积等信息，如图8.7所示。

List命令

1. 查询点坐标

查询点坐标有以下3种方法：

（1）将AutoCAD切换至经典模式，执行"工具"→"查询"→"点坐标"命令。

（2）执行在命令行输入"常用"→"实用工具"→"点坐标"命令，如图8.8所示。

（3）在命令行输入命令"id"。

在查询点坐标时，要通过对象捕捉确定要查询的点。

2. 查询两点之间的距离

查询两点之间的距离有以下3种方法：

（1）将AutoCAD切换至经典模式，执行"工具"→"查询"→"距离"命令；

（2）执行"常用"→"测量"→"距离"命令，如图8.9所示；

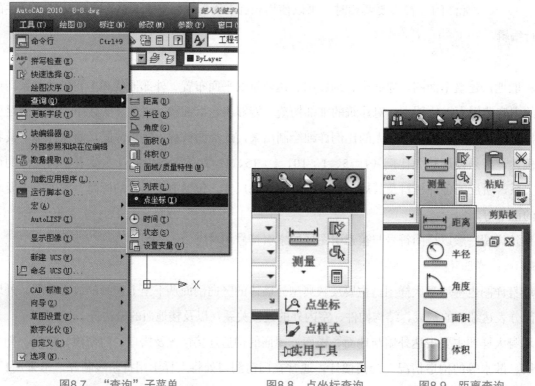

图8.7　"查询"子菜单　　　　图8.8　点坐标查询　　　　图8.9　距离查询

（3）在命令行输入命令"dist"（快捷键di）。

距离查询可以直接给出指定两点之间的距离、X增量、Y增量和Z增量，如图8.10所示。

图8.10　距离查询结果

3. 查询面积

查询面积有以下3种方法：

（1）将AutoCAD切换至经典模式，执行"工具"→"查询"→"面积"命令；

（2）执行"常用"→"测量"→"面积"命令，如图8.9所示；

（3）在命令行输入命令"area"。

根据实际情况，有以下4种查询面积的方法：

（1）按序列点查询面积。这种查询面积的方法适用于全部由直线构成的闭合图形。

操作实例：查询如图8.11所示正六边形的面积。

操作过程：

命令：area↙

指定第一个角点或[对象(O)/增加面积(A)/减少面积(S)]〈对象(O)〉：　　　（拾取多边形的第一个角点）

指定下一个角点或[圆弧(A)/长度(L)/放弃(U)]：　　　（拾取多边形的第二个角点）

指定下一个角点或[圆弧(A)/长度(L)/放弃(U)]：　　　（拾取多边形的第三个角点）

指定下一个角点或[圆弧(A)/长度(L)/放弃(U)]:　　　　　　　　　(拾取多边形的第四个角点)

指定下一个角点或[圆弧(A)/长度(L)/放弃(U)]:　　　　　　　　　(拾取多边形的第五个角点)

指定下一个角点或[圆弧(A)/长度(L)/放弃(U)]:　　　　　　　　　(拾取多边形的第六个角点)

指定下一个角点或[圆弧(A)/长度(L)/放弃(U)]:↙　　　　　　　　　　　　　　　　(结束)

面积=2490077.3801,周长=5873.9701

这样，就将正六边形的面积查询出来了，在一定的绘图比例下可以有具体的单位，如mm²。

（2）利用封闭对象查询面积。这种方式适用于单个对象构成的封闭图形。

操作实例：查询如图8.12所示圆的面积。

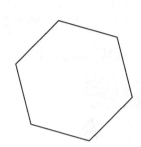
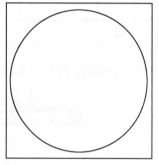

图8.11　利用序列点的方式查询面积　　　图8.12　利用封闭对象的方式查询面积

操作过程：

命令:area↙

指定第一个角点或[对象(O)/增加面积(A)/减少面积(S)]〈对象(O)〉:↙

选择对象　　　　　　　　　　　　　　　　　　　　　　　　　　　(鼠标单击圆)

面积=3548847.4064,圆周长=6677.0345

（3）利用加减方式查询面积。这种方法适用于组合图形。

操作实例：查询如图8.13所示板的面积，这个面积需要将板上圆孔的面积从中减去。

操作过程：

命令:area↙

指定第一个角点或[对象(O)/增加面积(A)/减少面积(S)]〈对象(O)〉:↙　　　(执行加模式)

指定第一个角点或[对象(O)/减少面积(S)]:o↙

(|加|选择对象)　　　　　　　　　　　　　　　　　　　　　　　　(单击矩形)

面积=12714621.2645,周长=14618.4127

总面积=12714621.2645

(|加|选择对象)

指定第一个角点或[对象(O)/减少面积(S)]:s↙　　　　　　　　　　(执行减模式)

指定第一个角点或[对象(O)/增加面积(A)]:o↙

(|减|选择对象)　　　　　　　　　　　　　　　　　　　　　　　　(单击圆形)

面积=1431952.1196,圆周长=4241.9855

总面积=11282668.1450

在命令执行过程中，不断根据加减对象的情况给出当前的总面积。

（4）利用面域的方式查询面积。这种方法适用于查询含有曲线边界的封闭图形的面积。

操作实例：查询如图8.14所示圆弧的面积。

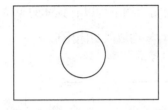 

图8.13　利用加减方式查询面积　　　　图8.14　利用面域的方式查询面积

先将图形创建为一个面域，执行"常用"→"绘图"→"面域"命令，如图8.15所示。

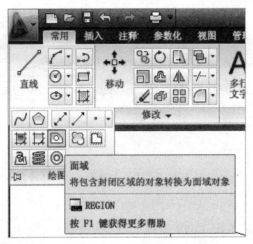

图8.15　面域操作

操作过程：

命令:region✓

选择对象:找到1个   （单击其中一条直线）

选择对象:找到1个,总计2个   （单击另一条直线）

选择对象:找到1个,总计3个   （单击圆弧）

选择对象:

已提取1个环。

已创建1个面域。

命令:area✓

指定第一个角点或[对象(O)/增加面积(A)/减少面积(S)]〈对象(O)〉:✓

选择对象: （鼠标单击圆弧）

面积=266303.2559,周长=2155.0446

用户除可以计算面域的面积、周长外，还可以计算面域的边界框、质心、惯性矩等参数。调用面域查询点坐标有以下两种方法：

1）执行"工具"→"查询"→"面域"命令，结果如图8.16所示；

2）在命令行输入命令"massprop"。

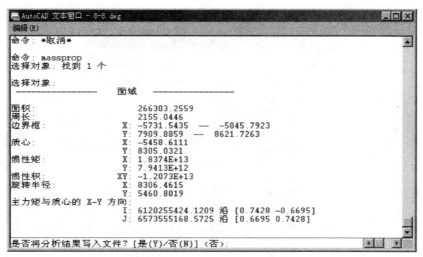

图8.16　查询面域的质量特性

用户也可以查询三维对象的特性。

（5）列表查询。列表查询用于查询对象的类型，所在的图层，相对于当前用户坐标系的X、Y、Z位置。

调用列表查询有以下两种方法：

1）执行"工具"→"查询"→"列表"命令；

2）在命令行输入命令"list"（快捷键li）。

选择的对象不同，列表显示的信息也不同。

8.4.2　Align命令

Align命令为对齐命令，可以通过菜单栏、命令两种方式执行。菜单栏执行方式如图8.17所示。命令执行时在命令行输入"align"即可。

如图8.18（a）所示的正放的建筑平面图，若要布置成斜放的，可以使用对齐命令align来完成。

Align命令

操作过程：

命令:align(al)	
选择对象:	(找到1个选择以ab为长边的矩形)
指定第一个源点:	(选择a点)
指定第一个目标点:	(选择A点)
指定第二个源点:	(选择b点)
指定第二个目标点:	(选择B点)
指定第三个源点或<继续>:✓	(不选择对象)
是否基于对齐点缩放对象？[是(Y)/否(N)]<否>:✓	(不需要缩放)

通过以上操作即可得到如图8.18（b）所示的效果，当然，进一步的实用操作可以将世界坐标系切换成用户坐标系，即可完成建筑平面图的平移布置。另外，align命令可以对拟对齐的对象原点之间的距离进行缩放操作，获得与目标点之间长度一致的关系。该命令还可以用于三维情况。

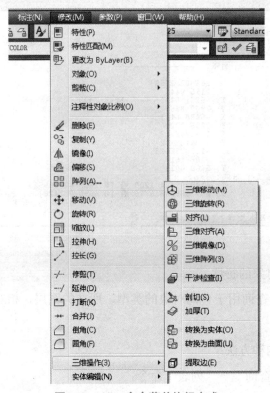

图8.17　Align命令菜单执行方式

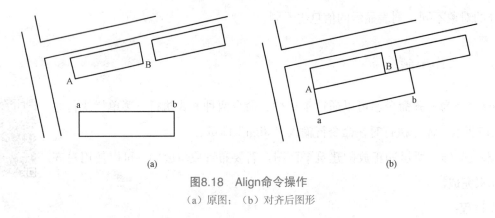

(a)　　　　　　　　　　　　　　　　　(b)

图8.18　Align命令操作
（a）原图；（b）对齐后图形

8.5　实训操作1——绘制建筑总平面图

建筑总平面图是表达整个建筑场地、拟建建筑的总体布局的图纸，主要表达拟建建筑物和构筑物的位置、朝向，以及与周边道路环境的关系，是整个建筑施工图中首要表达的内容。

拟建建筑物常常依赖于坐标关系才能在实际的场地上开展实际施工活动。绘制建筑总平面图的过程是将建筑物轮廓的角点布置于地形图中的过程。常见的出图比例为1∶500或1∶1 000。表8.7为某拟建建筑物角点在建筑总平面图中的坐标值。请将该建筑物的轮廓线布置于已有的地形图中，如图8.19所示，出图比例自拟。建筑地形图单位可以是米（m），也可以是毫米（mm）。

表8.7　拟建建筑物坐标点

序号	X/mm	Y/mm	Z/mm
1	−10 387 775	−157 299	0
2	−10 391 110	−163 758	0
3	−10 383 283	−167 760	0
4	−10 383 770	−168 635	0
5	−10 378 641	−171 336	0
6	−10 374 967	−163 804	0
7	−10 387 775	−157 299	0

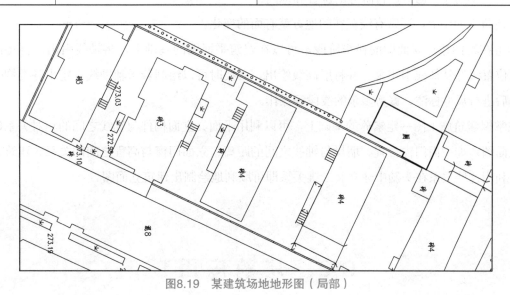

图8.19　某建筑场地地形图（局部）

8.6　实训操作2——编辑建筑平面图细节内容

不难看出，以上各单元讲述了建筑平面图绘制过程，本单元对建筑平面图绘制要求作出了详细说明。在前面绘制图形的基础上，进一步结合本单元的要求进行修改，以达到建筑平面图绘制的精细程度，即补充必要的建筑细节和文字说明、尺寸标注，以及台阶、雨篷、卫生间相关参数等。对于初学者而言，需要在老师的指导下，进一步改正少量的错误及不足之处。

单元9 综合实训2——绘制建筑立面图

9.1 建筑立面图绘制要点

建筑立面图是建筑物的外视图，表达建筑物的外形尺寸，常采用正投影法绘制。建筑立面图应表示投影方向、可见的建筑物外轮廓线和建筑构造、构配件等，外墙面做法及必要的尺寸和标高。建筑立面图能反映房屋的高度、层数、屋顶的形式、墙面的做法、门窗的形式与大小和位置，以及窗台、阳台、雨篷、檐口、台阶等的位置和标高。

在建筑立面图上，通常有线存在的地方就有面的变化。

学生在绘制建筑立面图的初级阶段，可以在建筑平面图的基础上，将轴线引出，再将窗口位置、门位置线等特征线引出来，并将层高线绘出，必要时可以绘制若干辅助线，定出各类构件的位置，然后进行尺寸标注、修剪多余的线段等操作。

在掌握建筑施工图一定素养的基础上，可以利用平面、立面构件与轴线之间的相对关系确定出建筑立面图，如平面门窗位置、墙垛与轴线之间的距离、立面门窗与高程之间的关系、建筑立面造型等。利用这些关系在头脑中建立起二维关系即可顺利地绘制出建筑立面图。

9.2 块 的 应 用1

9.2.1 块的创建和编辑

块，为一个或多个对象的集合，是一个整体对象。利用块可以简化绘图过程并可以系统地组织任务。很多图形元素需要大量重复应用，例如，在绘制建筑平面图时，柱、门、窗等都是多次重复使用的图形，如果每次都从头开始设计和绘制，不仅麻烦、费时，而且也没有必要。AutoCAD可以将逻辑上相互关联的一系列图形对象定义为一个整体，称之为块。

块的应用——
创建块与插入块

9.2.2 创建图块

1. 定义图块

定义图块就是将图形中选定的一个或多个对象组合为一个整体，并为其命名保存，在以后使用过程中将它视为一个独立、完整的对象进行调用和编辑。定义图块时需要使用block命令。

调用创建块命令的方式如下：

单击 ![按钮]，在弹出的菜单中选择"绘图"→"块"→"创建"命令；

在"功能区"选项板中选择"块和参照"选项卡，在"块"面板中单击 ![按钮]，打开"块定义"对话框，就可以将已绘制的对象创建为块。

创建块的三个要素，即名称、基点、对象。在创建图块之前，先绘制图形，然后将绘制的图形对象定义成图块。

图9.1　标高

下面将如图9.1所示的标高符号定义为块，命名为"标高"，标高符号在施工图中的高度为3 mm左右。

操作步骤如下：

（1）单击"绘图"工具栏中的 ![按钮]按钮，或在命令行输入命令"block"，弹出"块定义"对话框，如图9.2所示。

（2）在"名称"列表框中输入要创建的图块的名称"标高"。

（3）在"基点"选项组，单击 ![按钮]按钮，切换到绘图区域中，拾取图中三角的顶点。

（4）在"对象"选项组，选中 ![◉保留(R)]单选按钮；单击 ![按钮]按钮，利用框选选择要定义成块的对象；按Enter键确认。

（5）"设置"选项组中参数保持默认。

图9.2　"块定义"对话框

（6）单击"确定"按钮，即可将所选对象定义成块。

操作说明如下：

（1）在"基点"选项组，确定该块将来插入的基准点，也是块在插入过程中旋转或缩放的基点。可以通过在"X"文本框、"Y"文本框和"Z"文本框中直接输入坐标值指定，或单击 ![按钮]按钮，切换到绘图区域在图形中直接指定。

（2）在"对象"选项组，选中 ![◉保留(R)]单选按钮，表示定义图块后，构成图块的图形实体将保留在绘图区，不转换为块；选中 ![◉转换为块(C)]单选按钮，表示定义图块后，构成图块的图形实体也转换为块；选中 ![◉删除(D)]单选按钮，表示定义图块后，绘图区域构成图块的图形实体将被删除。用户可以通过单击 ![选择对象(T)]按钮，切换到绘图区域选择要创建为块的图形实体。

（3）"设置"选项组包括"块单位""说明""超链接"三项。"块单位"下拉列表框用于设置AutoCAD设计中心拖动块时的缩放单位；"说明"框内，用户可以为块输入描述性的文字解释；设置"超链接"项，将来用户可以通过该块来浏览其他文件或者访问Web网站。单击 ![超链接(L)...]按钮后，系统弹出"插入超链接"对话框，如图9.3所示。

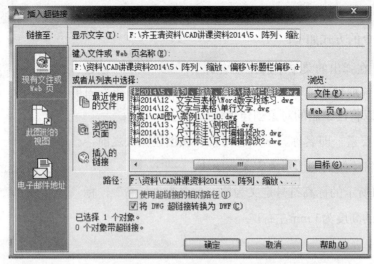

图9.3 "插入超链接"对话框

（4）按上述方法定义的块只存在于当前图形中，执行新建图形操作或关闭AutoCAD后，该块即消失。若要保留定义的图块，需使用wblock命令。

2. 写块（wblock）命令

前面定义的图块，只能在当前图形文件中使用，如果需要在其他图形中使用已经定义的图块，如标题栏、图框及一些通用的图形对象等，可以将图块以图形文件形式保存下来。这时，它就和一般图形文件没有什么区别，可以被打开、编辑，也可以以图块形式方便地插入其他图形文件中。保存图块也就是通常所说的"写块"。

调用写块命令的方式如下：

在命令行输入命令"wblock"屏幕弹出"写块"对话框，如图9.4所示。其他说明如下：

（1）在"源"选项组中，选择"块"单选按钮，通过后面的下拉列表框选择刚刚定义过的块"标高"进行保存。保存块的基点不变。

（2）在"目标"选项组中，输入一个文件名、保存路径及插入的单位。

（3）单击"确定"按钮，完成保存操作。

操作说明："源"选项组用于指定存储块的对象及块的基点，选择"整个图形"单选按钮，可以将整个图形作为块进行存储；选择"对象"单选按钮，可以将选择的对象作为块进行存储。其他选项和块定义相同。

图9.4 "写块"对话框

9.2.3 插入图块

在绘图过程中，若需要应用图块时，可以利用"插入块"命令将已创建的图块插入到当前图形中。在插入图块时，用户需要指定图块的名称、插入点、缩放比例和旋转角度等。

1．操作步骤

（1）单击"绘图"工具栏中的"插入块"按钮，此时弹出"插入"对话框，如图9.5所示；

（2）在"插入"对话框中，选择要插入的块"标高"；选择"在屏幕上指定"插入点方法；比例和旋转角度选项采用默认值；

（3）单击"确定"按钮，完成图块的插入。

图9.5　"插入"对话框

2．"插入"对话框中各个选项的意义

（1）"名称"列表框：用于输入或选择需要插入的图块名称。

若需要使用外部文件（即利用写块命令创建的图块），可以单击"浏览"按钮，在弹出的"选择图形文件"对话框中选择相应的图块文件，单击"确定"按钮，即可将该文件中的图形作为块插入到当前图形。

（2）"插入点"选项组：用于指定块的插入点的位置。用户可以利用鼠标在绘图窗口中指定插入点的位置，也可以输入X、Y、Z坐标。

（3）"比例"选项组：用于指定块的缩放比例。用户可以直接输入块的X、Y、Z方向的比例因子，也可以利用鼠标在绘图窗口中指定块的缩放比例。

（4）"旋转"选项组：用于指定块的旋转角度。在插入块时，用户可以按照设置的角度旋转图块，也可以利用鼠标在绘图窗口口中指定块的旋转角度。

（5）"分解"复选框：若选中该复选框，则插入的块不是一个整体，而是会被分解为各个单独的图形对象。

9.3　实训操作——绘制建筑立面图

本实训可接着1.8或7.8中的相关内容进行展开，以全面完善建筑立面图的绘制过程。其绘制要点如下：

（1）发挥轴线和层高线的统领作用；将各轴线、层高线一并绘制出来，方便统一布置构件等。

（2）使用复制或阵列命令绘制窗体或装饰构件。

（3）注写说明文字等。

（4）检查窗、门等对象的平面位置是否正确等，并删掉不需要的轴线等对象。

（5）加深外轮廓线等。

单元10　综合实训3——绘制建筑剖面图

10.1　建筑剖面图绘制要点

建筑剖面图是假想使用一个或多个垂直于外墙轴线的铅垂剖切面而得到的建筑物的竖向剖视图，常采实用正投影法绘制，用粗实线画建筑实体（如墙、梁等），用细实线画建筑构造（如门窗、洞口）。建筑剖面图主要用来表示建筑内部的结构构造，垂直方向的分层情况，各楼层地面、屋顶的构造及各部位之间的联系等。剖切位置常常为楼梯间、门窗洞口及构造比较复杂的典型部分。剖面图的数量则根据房屋的复杂程度和施工的实际需要而定；剖面图的名称必须与底层平面图上所标注的剖切位置和剖视方向一致，应标注出被剖切到的墙体的定位轴线，以及与平面图一致的轴线编号和尺寸。

在建筑剖面图中一般不表示材料图例符号，被剖切平面剖切到的墙、梁、板等轮廓线用粗实线表示，没有被剖切到但可以看到的部分（俗称为看线）用细实线表示；被剖切到的钢筋混凝土梁、板要填充为黑色；剖面图一般画出楼地面、屋面的面层线，还须标明外墙门窗口的标高，地面的标高，檐口、女儿墙顶的标高，以及各层楼地面的标高。另外，从剖面图中可以看出层高信息，以及阳台、立面造型等局部地方的处理措施。

10.2　块 的 应 用2

10.2.1　块的编辑与修改

1. 块的分解

当在图形中使用块时，AutoCAD将块作为单个对象处理，只能对整个块进行编辑。如果用户需要编辑组成块的某个对象时，需要利用explode命令将块的组成对象分解为单一个体，执行方式如下：

（1）单击"修改"工具栏中的 按钮；

（2）执行"修改"→"分解"命令；

（3）在命令行输入命令"explode"。

块的编辑与
修改

操作过程：

命令：_explode↙

选择对象：找到1个 　　　　　　　　　　　　　　　　　　　　　（选择需要分解的块）

选择对象：↙ 　　　　　　　　　　　　　　　　　　　　　　　（完成对象的分解）

操作说明：利用explode命令，可以对用矩形、多段线、正多边形等绘图命令绘制的二维图形进行分解，但不能对直线、圆、圆弧等最简单的二维对象进行分解，因为它们是最小的图形元素。分解后的对象将被还原为原始的图层属性设置状态。如果分解带有属性的块，属性值将丢失，并重新显示其属性定义。

2. 块的重定义

将分解后的块的原始图线编辑修改后重定义成同名块，这样块库中的定义才会被修改，再次插入这个块时，会变成重新定义好的块。

重新执行创建块命令，选择块列表中已有块名进行创建即可以实现重定义块，并非一定要使用分解后的块进行重定义，可以使用全新的图形进行重定义。重定义块可以使用已有的完整修改图形去直接替代旧的块图形。

3. 块的在位编辑

块的在位编辑命令可在保持块不被打散的前提下，像编辑普通对象一样，直接编辑块中的对象。它将块的运用进一步扩展和升华。

10.2.2　块的属性

块的属性是附加在图块上的文字信息，在AutoCAD中经常利用图块属性来预定义文字的位置、内容或默认值等。在插入图块时，输入不同的文字信息，可以使相同的图块表达不同的信息，如图签、轴号等均可以利用图块属性进行设置。

块的属性

例如，当在立面图中标注"标高"时，总希望同时能够输入标注尺寸，而前面创建的"标高"图块则不能；如果将它定义成带有尺寸属性的块，则每次插入时，就可以实现同步输入标高尺寸，非常方便。

图块的属性包括属性标记和属性值两个方面的内容。如属性标记定义为"尺寸"，则属性值就是具体的尺寸。

1. 定义图块的属性（ddattedf）

在定义图块前，要先定义该块的属性。定义属性后，该属性以其标记名在图形中显示出来，并保存有关的信息。属性标记要放置在图形的合适位置。下面以"标高"图块为例，定义其尺寸属性。

操作步骤：执行"绘图"→"块"→"定义属性"命令，或在命令行输入命令"ddattedf"。打开"属性定义"对话框，如图10.1所示。

（1）"模式"选项组采用默认值。

（2）"属性"选项组，设置属性的参数。"标记"文本框中输入显示标记"尺寸"；"提示"文本框中输入提示信息"输入尺寸"；"默认"文本框中采用默认的属性值。

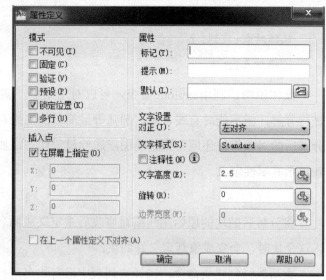

（3）"插入点"选项组，指定图块属性的显示位置。选中"在屏幕上指定"复选框。

（4）"文字设置"选项组，设定属性值的基本参数。在"对正"下拉列表框中设定属性值的对齐方式为"正中"；"文字样式"下拉列表框中设定属性值的文字样式为"Standard"；"文字高度"文本框中设定属性值的高度为"2.5"；"旋转"文本框中设定属性值的旋转角度为"0"。

图10.1 "属性定义"对话框

单击"确定"按钮，回到绘图区域窗口，属性尺寸放置在标高符号上，如图10.2（a）所示。

图10.2 标高符号

（a）标高符号； （b）插入标高尺寸的块

2. 创建带属性的图块

通过"属性定义"对话框，用户可以定义一个属性，但是并不能指定该属性属于哪个图块，因此，用户必须通过"块定义"对话框将图块和定义的属性重新定义为一个新的图块。

操作步骤如下：

（1）单击"绘图"工具栏中的 ⬚ 按钮或在命令行输入命令"block"，弹出"块定义"对话框。

（2）在"名称"下拉列表框，输入当前要创建的图块的名称"标高符号"。

（3）在"基点"选项组，单击 ⬚ 按钮，切换到绘图区域中，拾取插入基点。

（4）在"对象"选项组，选中 ⊙ 保留(R) 单选按钮；单击 ⬚ 选择对象(T) 按钮，利用框选选择要定义成块的对象，包括属性"尺寸"；单击"确定"按钮，回到"块定义"对话框。

（5）在"设置"选项组，设为默认参数，单击"确定"按钮，即可将所选对象定义成块。

（6）在命令行输入"wblock"，保存图块。

3. 插入带属性的图块

通过上面的操作，已经创建了一个带有"尺寸"属性的标高块，下面介绍插入属性块的操作。

操作步骤如下：

（1）单击"绘图"工具栏中的 ⬚ 按钮，打开"插入"对话框。

（2）在"插入"对话框中，选择要插入的块名"标高符号"；比例和旋转角度选项采用默认值；选择"在屏幕上指定"插入点的方法；在绘图区域选择插入点的位置。

（3）在命令行输入标高尺寸"%%p0.000"。单击"确定"按钮，完成图块的插入。插入效果如图10.2（b）所示。

4. 修改属性定义

执行"修改"→"对象"→"文字"→"编辑"命令，或在命令行输入命令"ddedit"，或单击块属性，或直接双击块属性，打开"增强属性编辑器"对话框，如图10.3所示。在"属性"选项卡的列表中选择文字属性，然后在下面的"值"文本框中可以编辑块中定义的标记和属性值。

（1）"属性"选项卡：显示了块中每个属性的标记、提示和值。在列表框中选择某一

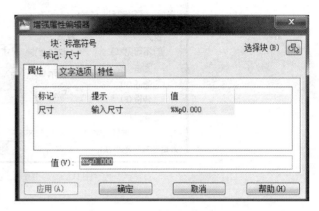

图10.3　"增强属性编辑器"对话框

属性后，在"值"文本框中将显示出该属性对应的属性值，可以通过它来修改属性值。

（2）"文字选项"选项卡：用于修改属性文字的格式。该选项卡如图10.4所示。在其中可以设置文字样式、对齐方式、高度、旋转角度、宽度比例、倾斜角度等内容。

（3）"特性"选项卡：用于修改属性文字的图层及其线宽、线型、颜色与打印样式等。该选项卡如图10.5所示。

图10.4　"文字选项"选项卡

图10.5　"特性"选项卡

5. 块属性管理器

执行"对象"→"属性"→"块属性管理器"命令，或在命令行输入命令"battman"，或在"功能区"选项板中选择"块和参照"选项卡，在"属性"面板中单击管理按钮，都可以打开"块属性管理器"对话框，可以在其中管理块中的属性，如图10.6所示。在"块属性管理器"对话框中单击"编辑"按

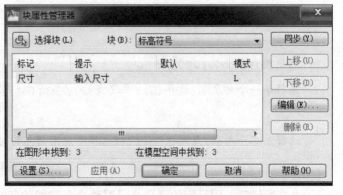

图10.6　"块属性管理器"对话框

钮，将打开"编辑属性"对话框，如图10.7所示，可以重新设置属性定义的构成、文字特性和图形特性等。

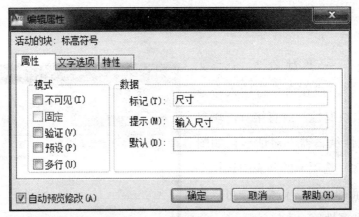

图10.7 "编辑属性"对话框

10.3 Fillet圆角和Chamber倒角命令

10.3.1 Fillet圆角命令

圆角就是用与对象相切且具有指定半径的圆弧连接两个对象。调用圆角命令的方式如下：

Fillet圆角命令

（1）单击经典模式下"修改"工具栏的"圆角"按钮 ；

（2）执行经典模式下的"修改"→"圆角"命令；

（3）执行"常用"→"修改"→"圆角"命令；

（4）在命令行输入命令"fillet"（快捷键f）。

操作过程：

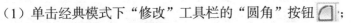

命令:f↙

当前设置:模式=修剪,半径=0.0000

选择第一个对象或[放弃(U)/多段线(P)/半径(R)/修剪(T)/多个(M)]:r↙

(选择圆角半径进行圆角)

指定圆角半径<0.0000>: (输入圆角半径)

选择第一个对象或[放弃(U)/多段线(P)/半径(R)/修剪(T)/多个(M)]:

(点取需要进行圆角的第一条线)

选择第二个对象,或按住Shift键选择要应用角点的对象:

(点取需要进行圆角的第二条线) (退出圆角命令)

"多段线"：用设定的圆角半径对整个多段线的各线段进行圆角。

"修剪"：用于在圆角过程中设置是否自动修剪源对象，系统默认为"是"，即圆角过程中源对象被修剪；选择"否"，即在圆角过程中源对象不被修剪。

"多个"：用于在一次圆角命令执行过程中对多个对象进行两两圆角，而不退出圆角命令。

操作实例：将如图10.8（a）所示图形利用圆角方式转化为图10.8（b）。

       （a）   （b）   （c）

图10.8　圆角和倒角命令

（a）圆角前；（b）圆角后；（c）倒角后

操作过程：

> 命令:fillet↙
>
> 当前设置:模式=修剪,半径=200.0000
>
> 选择第一个对象或[放弃(U)/多段线(P)/半径(R)/修剪(T)/多个(M)]:(选择水平线段右端)
>
> 选择第二个对象,或按住Shift键选择要应用角点的对象:选择竖直线段上端

命令完成后即可实现如图10.8（b）所示的结果。

10.3.2　Chamber倒角命令

使用该命令可以在两线相接处创建平角或倒角。调用倒角命令的方式如下：

（1）单击经典模式下"修改"工具栏的"倒角"按钮 🔲；

（2）执行经典模式下的"修改"→"倒角"命令；

（3）执行"常用"→"修改"→"倒角"命令；

（4）在命令行输入命令"chamfer"（快捷键cha）。

操作过程：

> 命令:cha↙
>
> （"修剪"模式）当前倒角距离1=0.0000,距离2=0.0000
>
> 选择第一条直线或[放弃(U)/多段线(P)/距离(D)/角度(A)/修剪(T)/方式(E)/多个(M)]:d↙　　　　　　　　　　　　　　　　　　　　　　　（设置倒角距离）
>
> 指定第一个倒角距离<0.0000>:　　　　　　　（输入进行倒角的第一条线距离）
>
> 指定第二个倒角距离<100.0000>:　　　　　　（输入进行倒角的第二条线距离）
>
> 选择第一条直线或[放弃(U)/多段线(P)/距离(D)/角度(A)/修剪(T)/方式(E)/多个(M)]:
>
> 　　　　　　　　　　　　　　　　　　（点取需要进行倒角的第一条线）

选择第二条直线,或按住Shift键选择要应用角点的直线:（点选需要进行倒角的第二条线）

"多段线"：用设定的倒角距离对整个多段线的各线段进行倒角。

"角度"：角度法,用于设置倒角的距离和角度。

"修剪"：用于在倒角过程中设置是否自动修剪源对象，系统默认为"是"，即倒角过程中源对象被修剪；选择"否"，即在倒角过程中源对象不被修剪。

"方式"：设定按距离方式还是角度方式进行倒角。

"多个"：用于在一次倒角命令执行过程中对多个对象进行两两倒角，而不退出倒角命令。

操作实例：将如图10.8（a）所示图形利用倒角方式转化为图10.8（c）。

操作过程：

```
命令：_chamfer

（"修剪"模式）当前倒角距离1=10.0000,距离2=10.0000

选择第一条直线或[放弃(U)/多段线(P)/距离(D)/角度(A)/修剪(T)/方式(E)/多个
(M)]:d↙

指定第一个倒角距离<10.0000>:100↙

指定第二个倒角距离<100.0000>:100↙

选择第一条直线或[放弃(U)/多段线(P)/距离(D)/角度(A)/修剪(T)/方式(E)/多个
(M)]:(选择水平线段右端)

选择第二条直线,或按住Shift键选择要应用角点的直线:(选择垂直线段上端)
```

命令完成后即可实现如图10.8（c）所示的效果。

10.4　实训操作——绘制建筑剖面图

建筑剖面图在绘制过程中可以参照1.8和7.8所附施工图中的剖面图。限于篇幅，两者均选为单体建筑物，但墙身大样图仍可以表达出基础处墙体、窗台上下口、檐口处等做法，以及保温层、屋面、地面、基础等做法。

建筑剖面图的绘制要点可以参照9.3中有关建筑立面图的绘制方法。

单元11 综合实训4——绘制建筑墙身大样图

11.1 模型空间、图纸空间与打印操作

在AutoCAD中存在两个绘图空间：一为模型空间；二为图纸空间。

模型空间是在AutoCAD中基本的绘图空间，绘制好的图形所见即为所得，这是最基本的绘图空间。

图纸空间是通过一个个布局（可以理解为一张张图纸）来放置图形的，而放置图形又是通过视口将模型空间中的图形按照所需的比例显示在一定的区域内。视口好比是观察图形的窗口，透过窗口可以看到模型空间中的任何图形。例如，在布局中，可以将建筑平面图、立面图、剖面图等布置在不同的视口内。图纸空

模型空间、图纸空间与打印操作

间在有些版本中称为布局，这是AutoCAD应用的高级绘图空间，是CAD技术应用水平较高者习惯使用的布图手段。

由上面介绍可知，模型空间与图纸空间是有一定的联系的，那么，如何在两个空间中切换呢？

（1）通过单击屏幕左下角选项卡 模型 布局1 布局2 ，可以实现模型空间与图纸空间之间的切换操作；

（2）使用命令tilemode（快捷键tm）切换两个空间，该命令有两个变量：0——图纸空间；1——模型空间。

由模型空间进入图纸空间的操作如下：

命令:tm↙

输入TILEMODE的新值<1>:0

恢复缓存的视口-正在重生成布局

由图纸空间进入模型空间的操作如下：

命令:tm↙

输入TILEMODE的新值<0>:1

恢复缓存的视口

1. 模型空间中的打印操作

如图11.1所示为模型空间，左下角的"模型"选项卡选项已激活。在模型空间中打印图形时，可以执行如下操作：

（1）执行"文件"→"打印"命令；

（2）在命令行输入命令"plot"。

执行打印命令后，显示的画面如图11.2所示。打印前还需要确定如下选项：

（1）选定打印机，如实体打印机、虚拟打印机Adobe PDF、CAD软件自带的DWG to PDF打印机等。

（2）选定打印比例，需要结合绘图比例确定。

（3）选定打印区域，有"窗口""范围""显示"三个选项。"窗口"需要用户以矩形框选的方式确定要打印图形范围的两个对角点；"范围"为对使用图形界限（limits）命令限定的范围内的图形进行打印；"显示"则为对屏幕上显示的图形进行打印。当然，图形能不能如愿地打印到图纸上，与上述的打印比例是密切相关的。

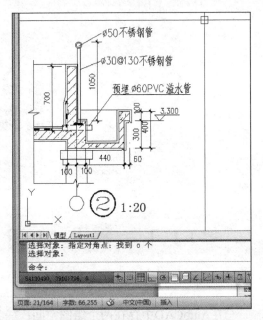

图11.1　模型空间中的图形

（4）选定打印样式表，是AutoCAD打印控制的操作，即用户可以按照对象颜色的不同管理各类对象的打印效果，最终的结果可以与绘图时对象的特性（如颜色、线型、线宽）一致，也可以不一致；换而言之，打印样式与绘图时的设置可以没有丝毫关系，打印样式可以充分发挥作用的前提是绘图时严格执行图层的规矩（即一类对象需具有一致的颜色），且某对象不得临时修改特性，如一条轴线在A层上（设定为红色），后期在A层上绘制了一条轴线，但临时通过工具条特性修改为白色，那么在最后的打印环节，使用打印样式能实现对所有红色的线打印成点画线的目的，但白色的轴线不会被打印为点画线。

一般情况下，对于AutoCAD的普通用户，可以选择monochrome.ctb样式表，在默认情况下，该样式中所有颜色的对象均打印成黑色，线型为对象的线型、对象的线宽。实践中，用户还可以结合自己的情况进行修改，如图11.3所示。

另外，打印时，还可以对打印偏移、打印质量等选项进行设定。

2. 图纸空间中的打印操作

如图11.4所示为图纸空间中显示的图形，"Layout1"选项卡已激活，白色区域为图纸的轮廓，即实际图纸尺寸的大小（可类比Word文档中看到的一张张的页面）。长虚线代表图纸的可打印范围；已选中的短虚线为该视口的边界线，可以是矩形、圆或封闭的多边形，其显示比例可以根据用户的需要设定。

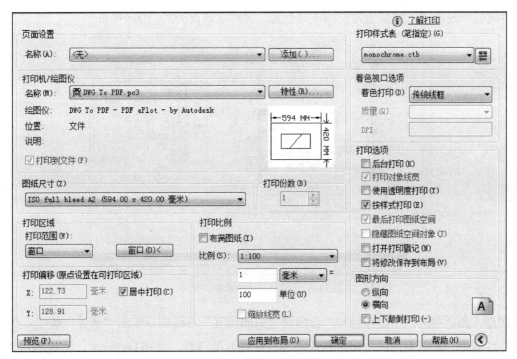

图11.2　打印操作界面

图11.3　monochrome.ctb打印样式

在图纸空间中，对布局可以进行改名、复制、移动、删除、页面设置管理等；对布局中的视口可以进行复制、移动、删除、锁定、拉伸、对象匹配等操作，一个布局中可以有多个视口存在，视口比例按需要确定。

应用视口命令操作可以调入模型空间中的图形且可以以任何比例显示；同样，在图纸空间中可以直接绘制图形，也可以被调入到模型空间中，使用命令chspace进行操作。

命令chspace可以将图纸空间中的对象（如图形、文字等）转移到模型空间，既保持相对位置不变，还同时根据视口比例进行缩放。如视口比例为1∶100，在图纸空间中字高为5的文字，转移到模型空间后，既保持了与其他对象的相对位置，又将字高改为5×100＝500。

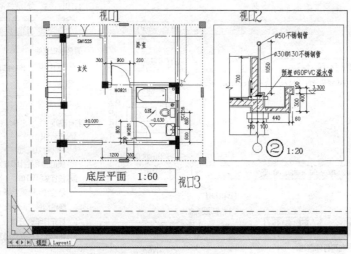

图11.4 图纸空间中的多个视口

首次进入图纸空间或新建布局时，会出现"页面设置"对话框，单击"新建"按钮，进入"布局设置"对话框，可以对图纸空间进行大小、打印样式的设置，如图11.2所示，类似图11.5中的设置，不同之处在于布局中打印比例须设定为1∶1。

在图纸空间中，与视口有关的操作和命令如下：

（1）新建视口命令。视口命令只能在图纸空间中使用，可通过以下3种方式执行：

1）执行"视图"→"视口"→"单个视口"命令；

2）单击视口工具条 1:100；

3）在命令行输入命令"vports"。

操作过程：

命令:_vports✓

指定视口的角点或[开(ON)/关(OFF)/布满(F)/着色打印(S)/锁定(L)/对象(O)/多边形(P)/恢复(R)/图层(LA)/2/3/4]

①"布满"：表示将模型空间中所用的图形以合适的比例充满视口。

②"着色打印"：表示对已建好的视口中的对象的打印质量进行着色操作。

③"锁定"表示视口的显示比例锁定。视口被激活后，滚动鼠标的滚轮可以改变视口中对象的显示比例，为了保持视口的显示比例恒定，需要对视口进行锁定操作，即通过鼠标滚轮的滑动不会改变视口的显示比例，同时，视口内只显示视口范围的图形，其他图形不会被显示。

④"对象"表示指定闭合的多段线、椭圆、样条曲线、面域或圆以转换到视口中。指定的多段线必须是闭合的并且至少包含三个顶点。多段线可以是自交的，并且可以包含弧线段和直线段，即实践中可以创建不规则图形的视口。

⑤"多边形"：表示可以建立多边形的视口。

⑥"2/3/4"：表示同时可以产生2、3、4个视口。

（2）视口的编辑。通过双击视口区域即可以激活视口，可以直接对图形进行修改，结束后，在视口区域外双击即可以结束视口的编辑状态。

图11.5 "页面设置"对话框中的布局设置

如图11.6（a）所示，视口的显示比例需要修改时，可以将视口线选中，然后在如图11.6（b）所示的视口工具条中选定所需的比例即可；或通过选中视口线，在命令行输入"properties"，或按"Ctrl+1"组合键，将弹出"特性"选项板，可以修改显示比例或自定义比例，同时也可以进行视口的锁定等操作。

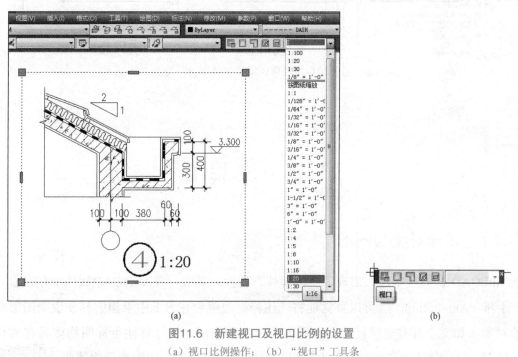

(a)   (b)

图11.6 新建视口及视口比例的设置
（a）视口比例操作；（b）"视口"工具条

视口的大小可以通过激活视口的特征点或夹点进行拖动操作；或使用拉伸命令stretch直接进行拉伸操作，同样可以改变视口显示范围的大小。

对于视口处于何种状态，可以将视口线选中，在命令行输入"list"，将弹出文本显示窗口，然后查看显示结果。

（3）多视口的应用。在图纸空间中，应用不同显示比例的视口可以实现多个不同打印比例图形的布置，如主图打印比例为1∶100，创建一个视口；详图打印比例为1∶20，采用同样的操作再创建一个视口。

（4）视口的最大化、最小化。选中视口边框线后，可以在状态栏中单击▣按钮进行视口的最大化操作，即返回到模型空间中进行图形的编辑，操作完成后同样单击▣按钮返回到视口的初始状态，即最小化操作。相应的操作命令，视口最大化为vpmax，视口最小化为vpmin，且只能在图纸空间中使用。

（5）视口中图层的独立特性。在AutoCAD 2010以上版本中，配合图层的管理功能，可以实现不同视口内图层的开/关，以满足实际的需要，如图11.7视口（b）中关闭尺寸标注"PUB_DIM"图层，将不会影响其他视口［如视口（a）］中的同一图层的显示。

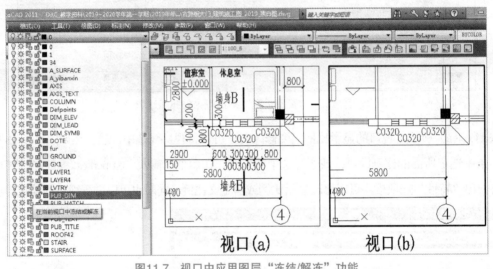

图11.7　视口中应用图层"冻结/解冻"功能

11.2　注释性

11.2.1　注释对象与图形

从AutoCAD 2008版本起，出现了"注释性"特性。其实，在AutoCAD软件中存在着一个概念——注释（Annotation）。可以直觉地将"注释"理解为在图纸中承担解释和说明图形所具有含义的对象，如文字具有解释相应图形所附带含义的作用，尺寸标注可标明物体具有的长度信息等。任何一张完整的建筑图纸都包含图形、注释两部分元素。图形表示物体所固有的几何要素和轮廓，注释则解释说明图形具有的含义，包含文字、说明符号及其他辅助的说明元素，可以把图形以外的元素统称为注释。图11.8可以说明注释、图形之间的依赖关系，图11.8（a）中的文字、卫生器具、标高、尺寸标注等均为注释对象。

注释对象与
简单用法

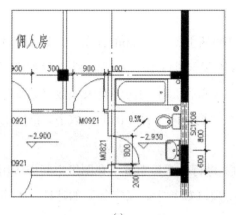
(a)

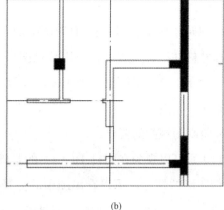
(b)

图11.8　图形与注释对象的比较认识

（a）注释对象和图形；（b）图形

这里，将能发挥注释功能的对象所具有的特性称为"注释性"。注释性的对象是添加到不同的打印比例图形中能发挥注释作用对象的统称。

注释性对象的类型或可以称为注释性对象的样式如下：

（1）文字（含单行和多行）和文字样式：如图名、说明文字等。

（2）块和属性定义：如轴号、标高、图框、图签等。

（3）图案填充。

（4）标注和标注样式。

（5）形位公差。

（6）多重引线和多重引线样式。

11.2.2　注释性简要用法

1．注释性使用条件

（1）应用注释性时，一般在模型空间绘图，但必须在图纸空间中利用视口的功能布置图形；同时，还必须在图纸空间中打印图形。

（2）注释性使用前需要定义基于注释性对象样式，如文字样式、尺寸样式等，如图11.9所示。

(a)

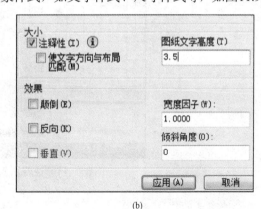
(b)

图11.9　注释性在尺寸标注样式和文字样式中的设置

（a）尺寸标注中注释性（局部）；（b）文字样式中注释性（局部）

2. 注释性的使用要点

例如，某建筑结构施工图中有打印比例为1：100的主图、1：20的详图。假如基于注释对象的文字样式、尺寸标注已经设置好，可以参见图11.9建立。图11.10（a）所示为在模型空间绘图时的情形，均按1：1的绘图比例绘制，图中两种打印比例的图形中的注释对象（数字、汉字）的特性（字体、高度）不能保持一致，可以看出，如果在模型空间中打印图形，数字、汉字的高度不一致，不符合建筑制图规范的要求。

图11.10（b）可以视为在图11.10（a）的基础上进行的视口布置，在图纸空间中应用视口布置两种打印比例图形的情形，可以看出图中的注释对象（如数字、汉字等）的特性（如字体、高度等）自动保持一致，这就是注释性的优点所在，实现了一张图纸中有多种打印比例图形的目的，从根本上避免了以往版本中（AutoCAD 2008以下）对不同打印比例图形中注释对象高度需要手动换算的过程。

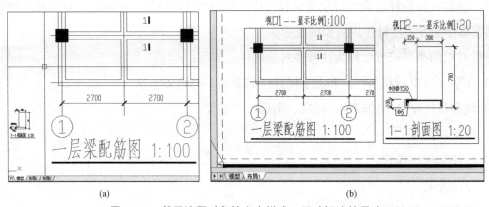

(a)   (b)

图11.10　基于注释对象的文字样式、尺寸标注的用法
（a）模型空间中显示的图形（局部）；　（b）图纸空间中的图形（局部）

在此，可以提前思考和讨论一个问题，无论在AutoCAD的哪个版本中，如果在模型空间绘图、打印，要实现两种打印比例的图形在一张图纸上，如何操作呢？

另外，为不同打印比例的图形添加注释对象时，可以单击状态栏左侧 1:20▼ 选项卡，切换到相应的注释比例下，如图11.11所示，然后开始标注尺寸、文字输入等操作。

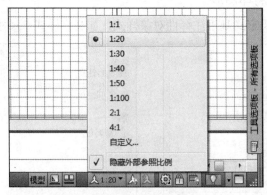

图11.11　注释比例的切换操作

3. 注释性功能的优点

注释性作为一种新的特性，可以归纳为以下三个方面的优点：

（1）全面实现一张图纸上所有打印比例图形在绘制时采用1：1绘图比例绘制。

这里举一个生活实例互相印证一下，当给某个人拍照时，无论是生活照（6、7、8寸甚至更大）还是证件照（2、3寸），都是人体尺寸不变，照相机及后续的打印机按照一定的比例进行缩放成像的，最终冲洗成不同尺寸的相片；同样的道理，绘图时，1∶1绘制比例的绘制过程就相当于上述的"人的尺寸不变"，利用注释性功能实现图纸上具有不同打印比例图形的过程就相当于"照相机及后续打印机完成的动作"。

（2）更有利于工程领域的技术人员熟练使用AutoCAD软件。

现在，利用注释性功能，可通过如下3步来完成。

第1步，能正确地绘制图形；

第2步，熟悉图纸上汉字、数字的大小要求等，利用注释性添加尺寸标注、文字等注释对象；

第3步，利用视口命令在图纸空间中布置图形，得到美观、符合制图规范的图纸。

（3）能促进工程领域的技术人员熟悉图纸空间、视口的用法。

在我国土木工程界，图纸空间、视口等的用法一直不被广大的工程技术人员所掌握、接受，实际上，围绕图纸空间的操作如视口、注释性等是非常实用的工具，能发挥绘图操作简单、交流容易、操作方便等诸多作用，无论是在教学中还是在生产实践中，注释性、图纸空间、视口的联合应用可以说意义非凡。

11.3　实训操作——绘制建筑墙身大样图

建筑墙身大样图一般采用1∶20的出图比例。主要表达建筑物从建筑物室外地坪到女儿墙顶之间的建筑做法，具体包含散水做法、基础顶部防水做法、勒脚做法、门上下连接做法、窗台做法、窗户上下连接做法、檐口处做法、女儿墙外侧做法、女儿墙内侧泛水做法等，以及墙体内含女儿墙高度的保温做法，墙体外侧装饰线条的做法。

一般来说，墙身大样图看起来内容十分丰富，显得比较繁杂，初学者不易上手。采用"抽丝剥茧"的绘图策略，即逐层地进行绘制对象，就能一步步达到丰富的表现。以1.8附墙身大样图为例，详细的绘图步骤如下：

（1）按1∶1的绘图比例绘制轴线和轴号。注意，轴号发挥着统率所有构件的作用。

（2）将轴线复制出来变为墙线、抹灰线，注意为复制出来的对象赋予墙线图层，然后再复制雨篷外侧轮廓线、过梁线等。

（3）绘制室外地平线、正负零标高线，再从正负零标高线复制其他对象，如门或窗上下口线、楼板线、雨篷线、女儿墙线等。

（4）使用trim命令将复制出来的横向、纵向线进行修改。

（5）将女儿墙、雨篷、墙体之间所围线条用多段线绘制，此处用粗实线表示；使用offset命令向外偏移50便形成保温层，再向外偏移20便形成抹灰层，便有了比较清晰的墙身大样轮廓线。

综合以上的步骤，如图11.12所示。

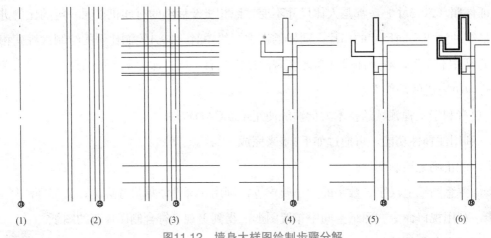

图11.12　墙身大样图绘制步骤分解

　　本墙身大样图中其他的对象绘制从略，只作简单提示。如正负零之下的台阶做法，仍可以用多段线绘制出来，然后使用offset命令分别生成台阶下找平层、台阶抹灰或大理石层。总之，凡是相互平行的对象均可以用offset命令来生成。填充不同的图案形成不同的图层，再通过尺寸标注等，即可得到逐步完善的墙身大样图。

　　需要说明的是，本例为单层墙身大样图，多层或高层的墙身大样图仍可以参照本方法进行。事实上，建筑设计绘图过程可紧密联系建筑施工过程来完成或加强理解。如本例中，先绘制轴线，再绘制墙线、混凝土构件、保温层、抹灰层等，完全符合建筑物实际的建造顺序，因此，绘图过程显得比较轻松且符合逻辑。换而言之，如果让一位能熟练使用CAD技术但没有建筑工程背景的人士来绘图，那么他绘制复杂的墙身大样图过程就显得比较吃力或无从下手等。因此，本处得到的结论是，建筑设计过程、建筑施工过程是一个统一且相辅相成的过程。

　　结合上面的墙身大样图绘制过程，本次实训的对象为1.8或7.8中的墙身大样。

单元12　综合实训5——绘制结构施工图

12.1　绘制结构施工图要求和要点

在建筑工程施工图中，结构施工图有着自身特定的表达方式，《建筑结构制图标准》（GB／T 50105—2010）详细规定了结构构件的表达方式、表达深度、样例等内容。在AutoCAD中绘制结构施工图时，与建筑施工图的绘制方法、打印等方面基本保持一致，且前者较后者而言显得简单。

以混凝土结构为例，常见的结构施工图包括图纸目录、结构设计总说明、基础平面布置图与基础详图、结构平面布置图（含配筋和模板）、梁配筋图、柱配筋图、墙配筋图，以及边缘构件配筋图、楼梯配筋图等。

实践中，从事结构施工图绘制的工程师主要依靠结构辅助计算软件如PKPM、广厦结构等软件生成的dwg格式文件进行编辑、补充注释对象等操作，即直接动手绘制构件的机会较少，主要操作是附加说明文字、图框图签、补充的尺寸标注、大样图等。

对于初学者，可以从最基本的绘图命令操作着手，从零开始绘制结构施工图，旨在加强对AutoCAD绘图、编辑命令等的操作，以及对整个绘图过程的灵活掌控，以实现最基础性的实训过程，从而达到掌握最扎实绘图技能的目的。

一般来说，结构平面图打印比例可与建筑平面图的一致，常采用1∶100等，少数情况可以采用1∶150；局部平面图，如电梯、楼梯、单元平面，可以采用1∶50；构件的详图一般为1∶10、1∶20、1∶25、1∶30等，其中混凝土墙体、暗柱、柱、梁的配筋详图常用1∶25的打印比例。

按照结构施工图绘制的要求，施工图中的字体高度、绘图环境的设置、不同比例图形放在同一张图中的方法等均可参照11.2中的内容进行。

在应用AutoCAD软件从零开始绘制结构施工图时，应确定好绘图比例、打印比例及绘图方案，建立图层、文字样式、尺寸标注样式等，图层的设置可按表12.1进行。

表12.1　结构施工图绘制用图层设置

图层名	颜色或索引号	线型	线宽/mm	用途
轴线	红色	点画线	0.15	轴线
轴线号	绿色	实线	0.20	轴线号、轴线定位
柱	黄色	实线	0.40	柱

图层名	颜色或索引号	线型	线宽/mm	用途
墙	绿色	实线	0.40	墙线
主梁	青	虚线	0.20	主梁
次梁	134	虚线	0.20	主梁
尺寸	绿色	实线	0.20	尺寸线
梁号	白色	实线	0.15	标注梁号
柱号	黄色	实线	0.15	标注梁号
楼板正筋	24	实线	0.35	楼板正弯矩钢筋
楼板负筋	红色	实线	0.35	楼板负弯矩钢筋
楼板正筋文字	白色	实线	0.15	注写钢筋
楼板负筋文字	白色	实线	0.15	注写钢筋
楼板负筋标注	94	实线	0.15	注写负弯矩钢筋长度
图框	青色	实线	0.15	图框
说明文字	白色	实线	0.15	正文、说明文字
标题文字	黄色	实线	0.15	标题

绘制结构施工图时，AutoCAD中默认字体库中的字体不能显示我国规范中的钢筋符号，而钢筋符号等特殊符号的显示需要中文大字体的支持。能显示钢筋符号的中文大字体较多，如hztxt.shx、hzfs.txt等，与之配套的西文字体可选txt.shx等。本节推荐的能显示钢筋符号的大字体及设置见表12.2。使用前，将tssdeng.shx、hzdx.shx、gbxwxt.shx、gbhzfs.shx等字体全部复制到AutoCAD安装目录下的"Fonts"文件夹中即可。

表12.2　可显示钢筋符号的大字体及设置方案

项目	方案一	方案二
西文字体及中文大字体	tssdeng.shx；hzdx.shx	gbxwxt.shx；gbhzfs.shx
代码及符号	①%%c——φ；②%%p——±；③%%d——°；④%%130——φ；⑤%%131——Φ；⑥%%132——Φ；⑦%%133——Φ	①%%d——°；②%%p——±；③%%c——φ；④%%o——打开或关闭上画线模式；⑤%%u——打开或关闭下画线模式；⑥%%178——面积平方符号；⑦%%179——体积符号；⑧%%180——φ；⑨%%181——Φ；⑩%%182——Φ
宽度因子	0.7	0.7

另外，使用多行或单行文字命令输入表12.2中特殊符号的代码后，不会自动显示为特殊符号；此时还必须使用命令explode分解开输入的代码，然后通过双击文字即可显示为特殊符号。

其他设置等可参照8.2中的内容进行，还需要说明的要点如下：

（1）轴线、轴号可以由建筑施工平面图中复制而来，但要注意图形打印比

钢筋符号显示操作

例的一致。

（2）绘制楼梯结构施工图时，可以在楼梯建筑施工图中的平面图、剖面图的基础上进行修改。

（3）结构施工图中的钢筋，可用多线命令绘制，线宽结合打印比例确定，如出图比例为1∶100，钢筋线须设定为45，总之图纸上的钢筋线宽按0.45 mm的原则确定；或使用绝对线宽来定义线宽为0.45 mm即可。

12.2 钢筋符号绘制要求

在我国建筑工程规范中，对钢筋符号等没有明确的规定，导致各地施工图钢筋表示方法各有所异。参考我国建筑工程结构商业软件中钢筋符号尺寸，本书推荐的钢筋符号在施工图中的尺寸如图12.1所示，且钢筋线为0.35 mm或0.45 mm宽。其中，图12.1（a）为钢筋截面的尺寸；图12.1（b）、（c）为正弯矩钢筋弯钩的两种形式；图12.1（d）为负弯矩钢筋的画法；图12.1（e）为HRB400正弯矩钢筋的画法，同时，也是钢筋截断符号的画法。

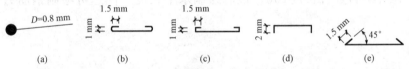

图12.1 钢筋符号在建筑工程施工图中的推荐尺寸

（a）钢筋截面尺寸；（b）圆弯钩尺寸；（c）直弯钩尺寸；（d）负筋直钩尺寸；（e）正筋截断尺寸

钢筋图样画法

12.2.1 钢筋截面绘制方法及圆环（donut）命令

结构施工图中钢筋截面的画法有以下两种：

（1）使用圆环命令直接绘制；

（2）先使用圆命令绘制圆，然后使用填充命令填充即可。显然，前者要好一些。

调用圆环命令的方式如下：

1）执行"常用"→"绘图"→"圆环"命令；

2）在命令行输入"donut"（快捷键do）。

操作过程：

命令:do↙

指定圆环的内径<0.5000>:   [输入圆弧的内径(输入0则为实心圆)]

指定圆环的外径<1.0000>:   (输入圆环的外径)

指定圆环的中心点或<退出>:   (指定圆环的中心点绘制圆环)

命令行会继续出现提示,指定圆环的中心点或<退出>:

(可连续在需要画圆环的位置单击鼠标左键,直到不需要为止,按Enter键或单击鼠标右键结束命令)

绘制结果如图12.2所示。

图12.2　绘制圆环

在绘制钢筋截面时，只需要将外径设置为0.8，将内径设置为0（注意这是图纸上的尺寸）。如果是1∶100的出图比例，绘制时外径应为0.8×100=80。

12.2.2　钢筋弯钩绘制方法

平面钢筋及两端的弯钩均可以使用polyline命令绘制，绘制过程如下。

1. 直弯钩绘制方法

绘制如图12.1（c）所示的钢筋弯钩，假定出图比例为1∶100，采用polyline命令绘制，首先绘制水平长度150，其次绘制竖直长度100，最后绘制水平长度；同理可绘制钢筋另一侧的弯钩。

2. 圆弯钩绘制方法

绘制如图12.1（b）所示的钢筋圆弯钩。同样采用polyline命令绘制，并指定宽度35。

操作过程：

```
命令:pl↙
指定起点:                                    (可在屏幕上任意指定)
指定下一个点或[圆弧(A)/半宽(H)/长度(L)/放弃(U)/宽度(W)]:↙
指定下一点或[圆弧(A)/闭合(C)/半宽(H)/长度(L)/放弃(U)/宽度(W)]:↙
指定圆弧的端点或[角度(A)/圆心(CE)/闭合(CL)/方向(D)/半宽(H)/直线(L)/半径(R)/第
二个点(S)/放弃(U)/宽度(W)]:↙
指定包含角:↙
指定圆弧的端点或[圆心(CE)/半径(R)]:↙
指定圆弧的半径:↙
指定圆弧的弦方向<180>:      (打开正交模式,顺着竖直方向上任意点击一点,然后按Enter键)
指定圆弧的端点或[角度(A)/圆心(CE)/闭合(CL)/方向(D)/半宽(H)/直线(L)/半径(R)/第
二个点(S)/放弃(U)/宽度(W)]:↙
指定下一点或[圆弧(A)/闭合(C)/半宽(H)/长度(L)/放弃(U)/宽度(W)]:1500↙
                                          (假定钢筋水平段为1500mm)
指定下一点或[圆弧(A)/闭合(C)/半宽(H)/长度(L)/放弃(U)/宽度(W)]:↙
```

结果如图12.3所示；同理可绘制右侧弯钩。

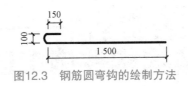

图12.3 钢筋圆弯钩的绘制方法

12.3 实训操作1——绘制钢筋混凝土梁截面配筋图

绘制如图12.4所示的钢筋混凝土梁截面配筋图。

绘图过程如下：

（1）创建图层（layer）。

（2）设置文字样式（style），使用表12.2推荐的钢筋符号字体，字体高度可为2.5×25=62.5。

（3）设置标注样式（dimstyle），可以参照图8.6中做法进行。

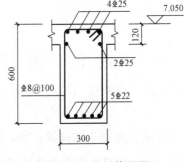

图12.4 绘制截面图

（4）绘制轮廓线，利用矩形命令绘制截面，以及板的轮廓线，用trim等命令绘制折断线等。

（5）绘制箍筋，将截面向里偏移30，偏移命令后续会详细讲解，利用pedit命令，将其转化为多段线，线宽为0.5×25=12.5；然后绘制箍筋弯钩，利用pline命令绘制弯钩，线宽为12.5。

（6）绘制纵筋，利用donut命令绘制纵筋截面，内径为0，外径为0.8×25=20，将其放到合适位置。

（7）利用拉伸命令等调整图形中不恰当的地方。

12.4 实训操作2——绘制基础施工图

本实训可以绘制1.8、7.8等中的基础施工图。前者为钢筋混凝土基础；后者为毛石基础。

单元13　综合实训6——绘制混凝土结构构件施工图

在我国建筑工程设计界，有多种建筑结构设计软件可以应用，如PKPM、广厦结构等软件。这些软件一般的操作过程为：建筑结构建模→施工荷载→结构计算与校核→生成dwg格式施工图和计算书。因此，结构设计师在应用软件计算后便可以得到最初的CAD格式施工图；但这还不足以满足实际工程的需要，还需要进一步进行施工图的完善和补充。以下内容将以PKPM软件生成的dwg文件作为讨论对象。

13.1　混凝土结构构件施工图绘制要点

钢筋混凝土结构梁、板、柱等构件的画法可总结为两种：一种是传统的平面、立面、剖面画法；另一种是采用平面整体表示方法绘制。当然，在实际施工图绘制中，前者已大大地被后者替代或部分被替代。但是为帮助初学者加深对建筑投影空间学习过程的理解，传统的平面、立面、剖面画法仍需要在教学中受到高度重视。

PKPM生成的dwg文件已包含了建筑轴网、主要构件、钢筋及尺寸标注等内容。由于软件在建筑建模时有所简化，生成的dwg文件不能全部包含实际的建筑结构要素，因此，仍需要进行以下操作：

（1）对尺寸标注进行调整。由于PKPM生成的尺寸标注是炸开状态，必要时需要自定义尺寸标注，且要两者之间保持一致的风格，即注意字体等相关设置要求。

（2）文字位置的调整等操作，主要由于软件生成文字等避让功能的不足或必须进行相应的调整等；当需要补充另外的文字时，应自定义文字样式，且应与原有的文字保持一致的风格。

（3）补充必要的构件，如悬挑构件的完善、增加旋转剖面等，结合建筑墙身大样做法增加必要的板边结构等。

13.2　实训操作——简单混凝土构件绘制

实训可以选用1.8、7.8附图，其中包含混凝土单独梁、构造柱等内容。可以作为本节的绘制内容。注意绘制比例的选取、钢筋线宽等设置要求。

单元14 综合实训7——绘制钢结构施工图

14.1 绘制钢结构施工图的要求

从建筑材质上讲，钢结构与砖混结构、混凝土结构有所不同，但从施工图的绘制过程来看是能保持一致的，即在绘制过程中它们之间能保持一致的绘图操作技能。在具体的细节方面，钢结构中存在较多的专用符号，如型钢标注样式、螺栓标注样式、焊缝标注样式等。

（1）钢结构施工图可以采用单线表示法、复线表示法及单线加短构件表示法，并应符合以下规定：

1）单线表示时，应采用构件重心线（细点画线）定位，构件采用中实线表示；非对称截面应在图中注明截面的摆放方式。

2）复线表示时，应使用构件重心线（细点画线）定位，使用细实线表示构件外轮廓，细虚线表示腹板或肢板。

3）单线加短构件表示时，应使用构件重心线（细点画线）定位，构件采用中实线表示；使用细实线表示构件外轮廓，细虚线表示腹板或肢板；短构件长度一般为构件实际长度的1／3～1／2。

4）为方便表示，非对称截面可以采用外轮廓线定位。

（2）构件断面可以采用原位标注或编号后集中标注，并应符合下列规定：

1）平面图中主要标注内容为梁、水平支撑、栏杆等平面构件。

2）剖面、立面图中主要标注内容为柱、支撑等竖向构件。

（3）构件连接应根据设计深度的不同要求，采用以下表示方法：

1）制造图的表示方法（要求有构件详图及节点详图）。

2）索引图加节点详图的表示方法。

3）直接引用标准图集的方法。

从结构平面图或立面图引出的节点详图较为复杂时，可将此类复杂的节点分解成多个简化的节点详图进行索引。由复杂节点详图分解的多个简化节点详图有部分或全部相同时，可以采取一定的简化标注索引。

14.2 实训操作1——三角形钢屋架绘制

本图为6 m跨钢屋架施工图（图14.1），材料为角钢。本屋架的跨度较小，主要是为了熟悉钢结构施工图的画法，以及视口的操作，可以实现不同打印比例图形布置于同一张图中，也可以着重考察学生们对视口、图纸空间的用法。绘图时的要点如下：

（1）绘制上弦杆的角钢时，要使用命令ucs，新建斜向的直角坐标系；通过定义多线样式来绘制角钢线，即定义3条线的多线样式，肢背2条线、肢尖1条线，轴线应先绘制。不建议通过copy或offset命令绘制角钢线。

（2）应用视口、布局等操作在图纸空间布置各个不同打印比例的图形，建立一个不能打印的图层，视口线放在该层，这样打印图纸时就不会有视口线了；同时，需要创建圆形或不规则图形视口。

（3）焊缝符号可以定义为基于注释性的块，根据不同的注释比例进行插入。

（4）图框、图签可在图纸空间中按1∶1绘图比例绘制。

（5）打印图形时，在图纸空间中进行，按1∶1打印比例进行。

14.3　实训操作2——门式刚架施工图绘制

门式刚架为目前流行的大跨度钢结构，可以满足一般的生产需要。其设计过程可采用PKPM、3dsMax等软件进行。钢结构施工图与混凝土结构施工图相比，显然具有一定的规整性，且存在较复杂的节点构造图，如螺栓、焊缝等节点图，不易在短时间内完成，一般都集成在软件内，作为块等操作而出现。因此，钢结构施工图的绘制更加依赖于结构软件生成的dwg图，结构工程师则需要根据实际需要进行修改和完善。

14.4　本单元附图1——三角形钢屋架施工图

为了实现钢结构专业CAD绘图中的技术衔接，附上一6 m跨钢屋架施工图（图14.1），仅有1页。图中有多个打印比例的图形。建议各个图形均按1∶1的绘图比例进行绘制，然后在图纸空间利用视口命令布置不同出图比例的图形。

14.5　本单元附图2——门式刚架施工图

本图为目前钢结构工程中常见的门式刚架施工图（图14.2～图14.14），共13页。主体结构跨度为15 m，檐口高度为3.8 m。内容较为繁杂，可以选用简单图形进行绘制。

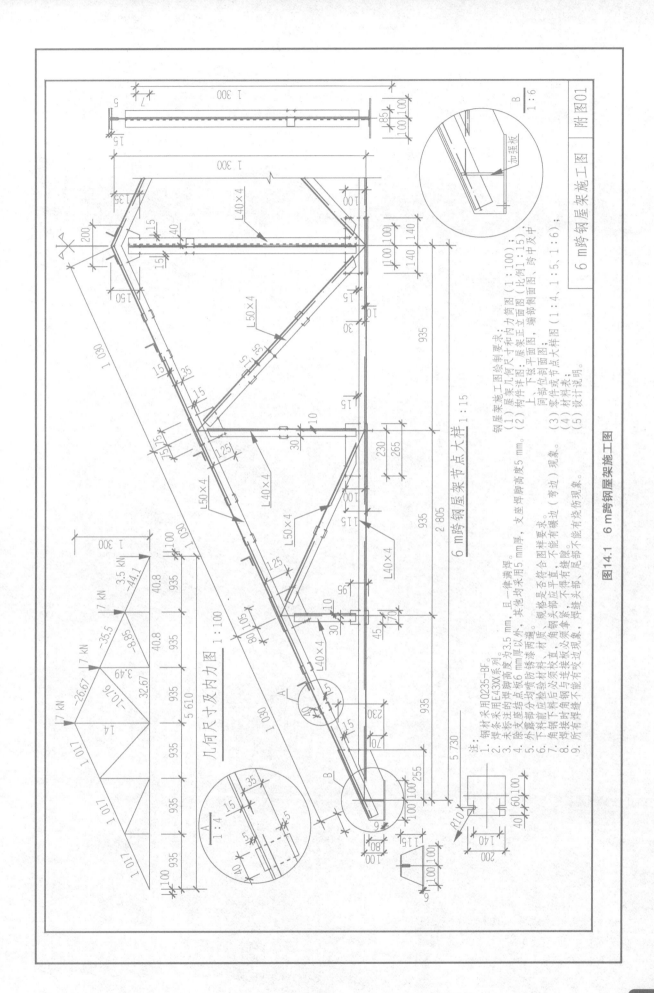

图14.1 6 m跨钢屋架施工图

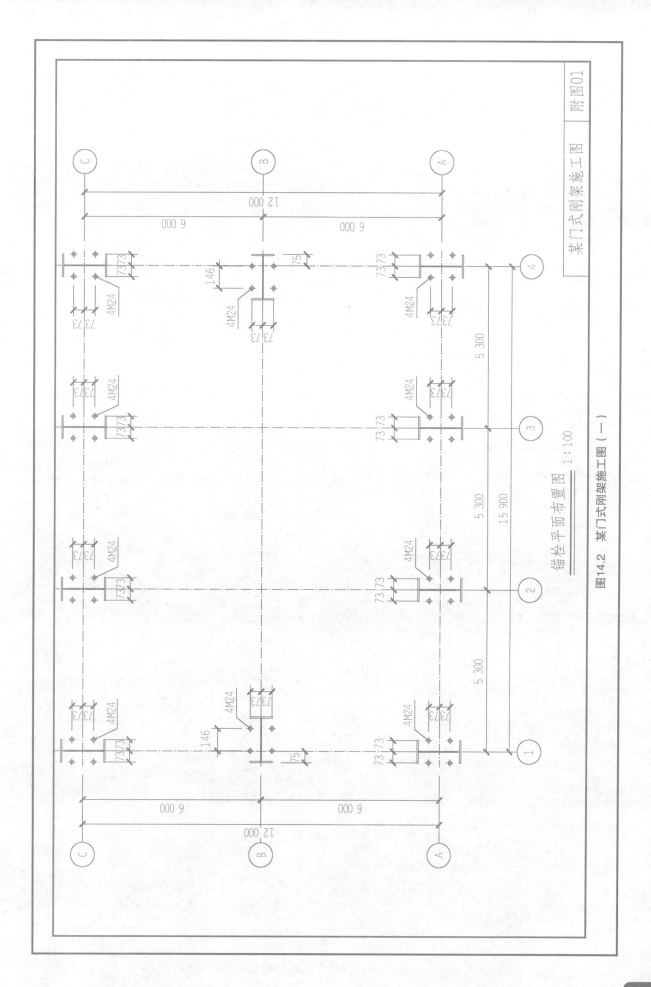

锚栓平面布置图 1:100

图14.2 某门式刚架施工图（一）

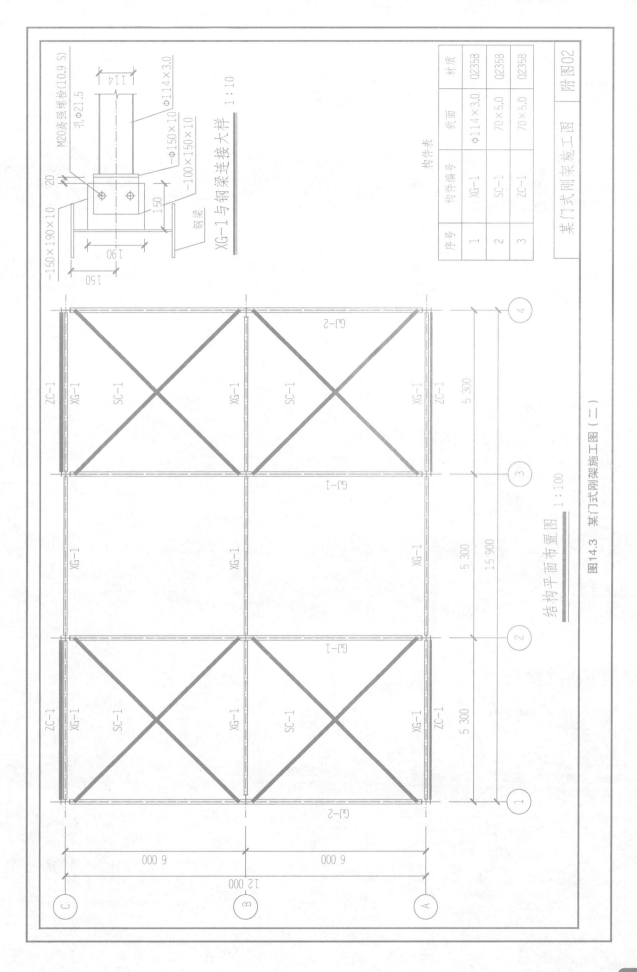

XG—1与钢梁连接大样 1:10

M20高强螺栓(10.9 S)
孔Φ21.5
—Φ114×3.0
Φ114×3.0

—150×190×10
20
—Φ150×10
—100×150×10
150
190
150

钢梁

构件表				
序号	构件编号	截面	材质	
1	XG—1	Φ114×3.0	Q235B	
2	SC—1	70×5.0	Q235B	
3	ZC—1	70×5.0	Q235B	

某门式刚架施工图 | 附图02

结构平面布置图 1:100

图14.3 某门式刚架施工图（二）

12 000
6 000
6 000

15 900
5 300
5 300
5 300

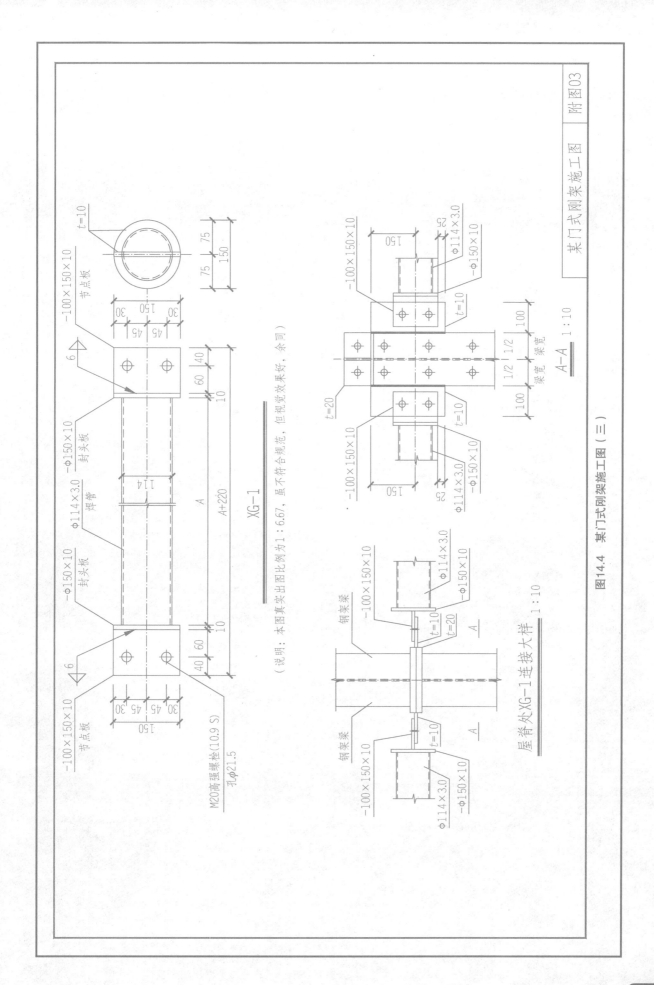

（说明：本图真实出图比例为1:6.67，显不符合规范，但视觉效果好，余同）

XG-1

图14.4 某门式刚架施工图（三）

A—A 1:10

檩脊处XG-1连接大样 1:10

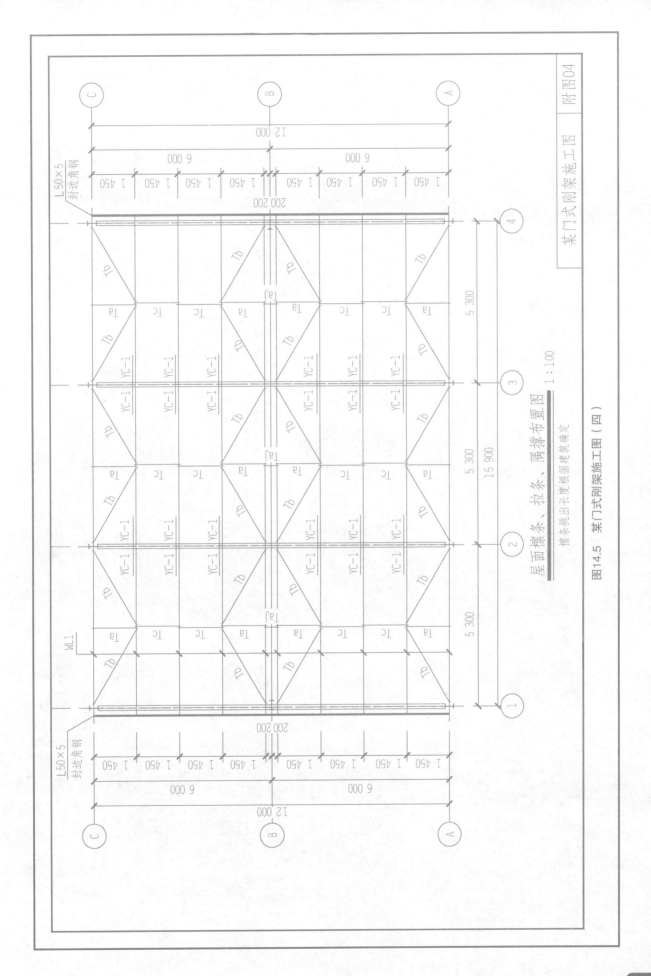

屋面檩条、拉条、隅撑布置图 1:100

檩条挑出长度根据建筑确定

图14.5 某门式刚架施工图（四）

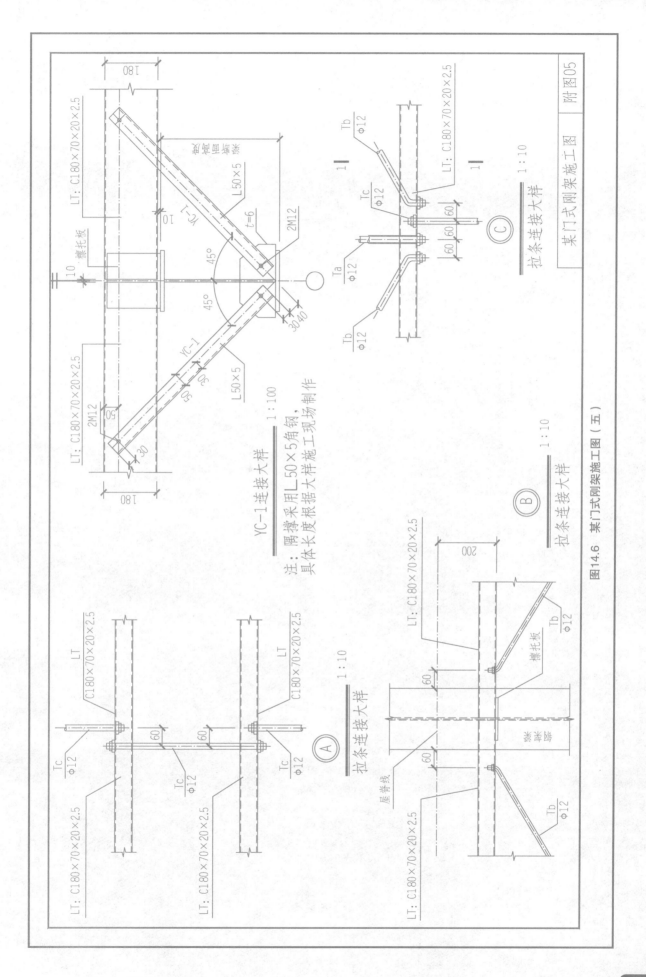

图14.6 某门式刚架施工图（五）

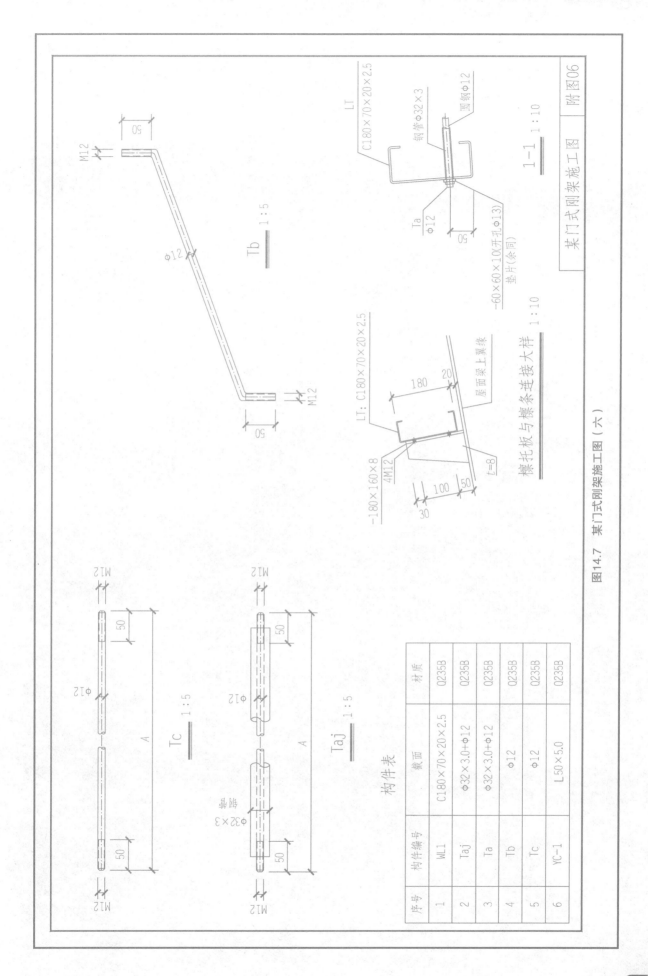

图14.7 某门式刚架施工图（六）

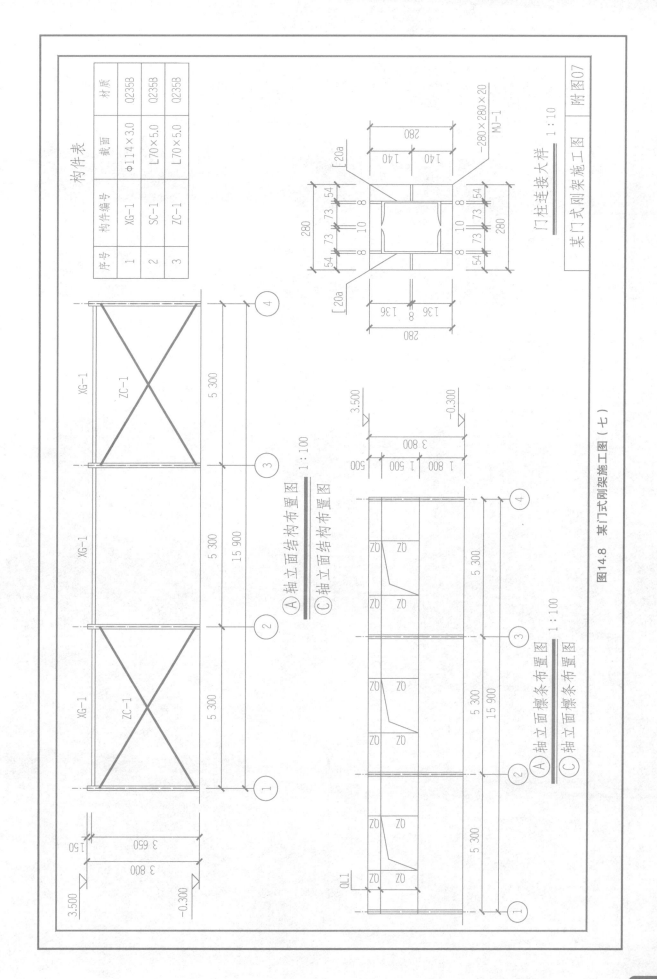

图14.8 某门式刚架施工图（七）

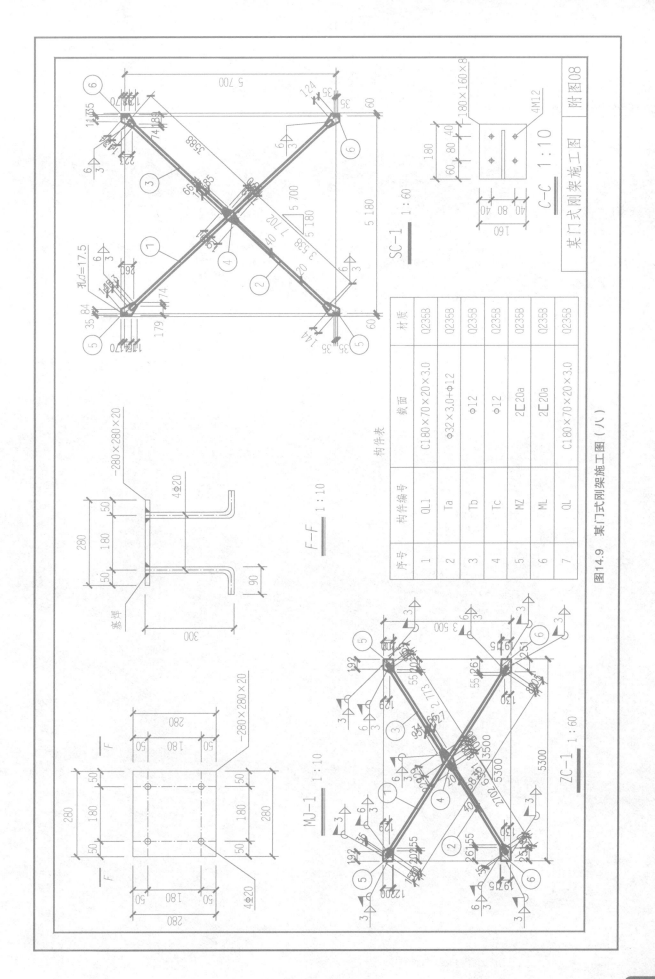

构件表

序号	构件编号	截面	材质
1	QL1	C180×70×20×3.0	Q235B
2	Ta	Φ32×3.0-Φ12	Q235B
3	Tb	Φ12	Q235B
4	Tc	Φ12	Q235B
5	MZ	2[20a	Q235B
6	ML	2[20a	Q235B
7	QL	C180×70×20×3.0	Q235B

SC-1 1:60

C-C 1:10

某门式刚架施工图   附图08

F-F 1:10

MJ-1 1:10

ZC-1 1:60

图14.9 某门式刚架施工图（八）

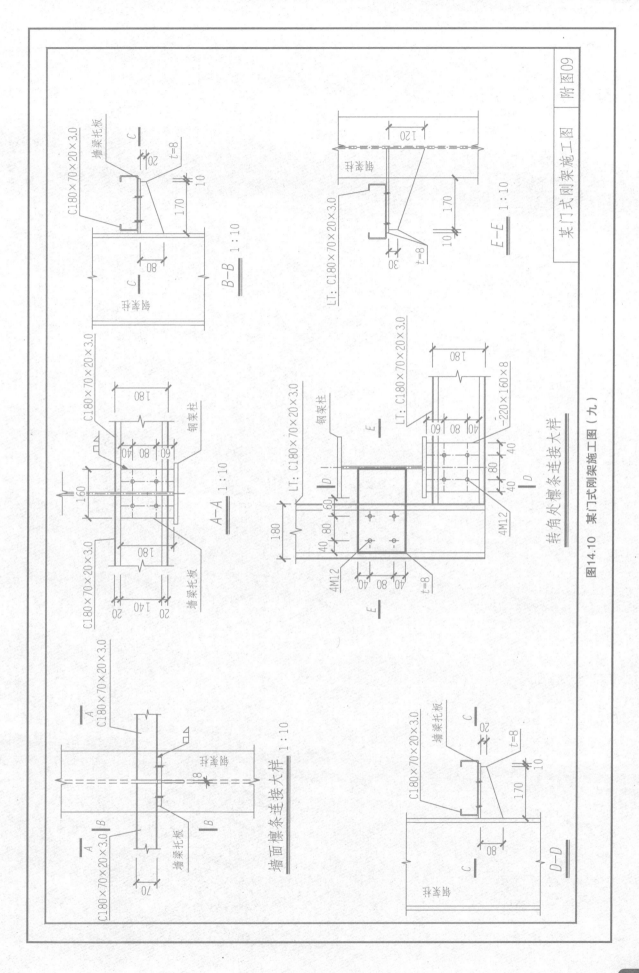

图14.10 某门式刚架施工图（九）

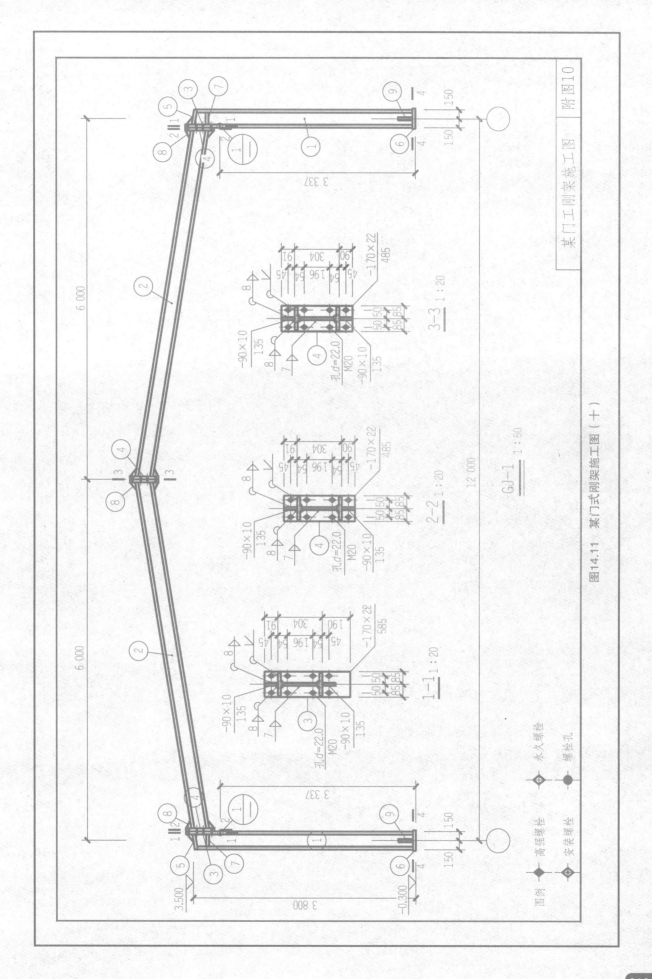

图14.11 某门式刚架施工图(十)

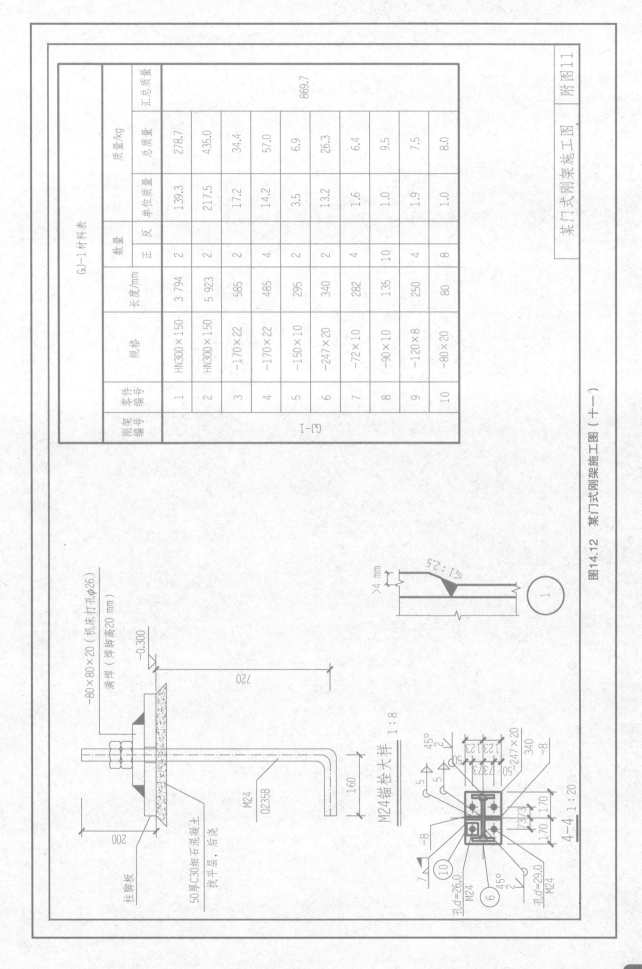

GJ-1 材料表

刚架编号	零件编号	规格	长度/mm	数量(正)	数量(反)	单位质量	总质量	汇总质量
GJ-1	1	HN300×150	3 794	2		139.3	278.7	869.7
	2	HN300×150	5 923	2		217.5	435.0	
	3	-170×22	585	2		17.2	34.4	
	4	-170×22	485	4		14.2	57.0	
	5	-150×10	295	2		3.5	6.9	
	6	-247×20	340	2		13.2	26.3	
	7	-72×10	282	4		1.6	6.4	
	8	-90×10	135	10		1.0	9.5	
	9	-120×8	250	4		1.9	7.5	
	10	-80×20	80	8		1.0	8.0	

某门式刚架施工图　附图11

图14.12 某门式刚架施工图（十一）

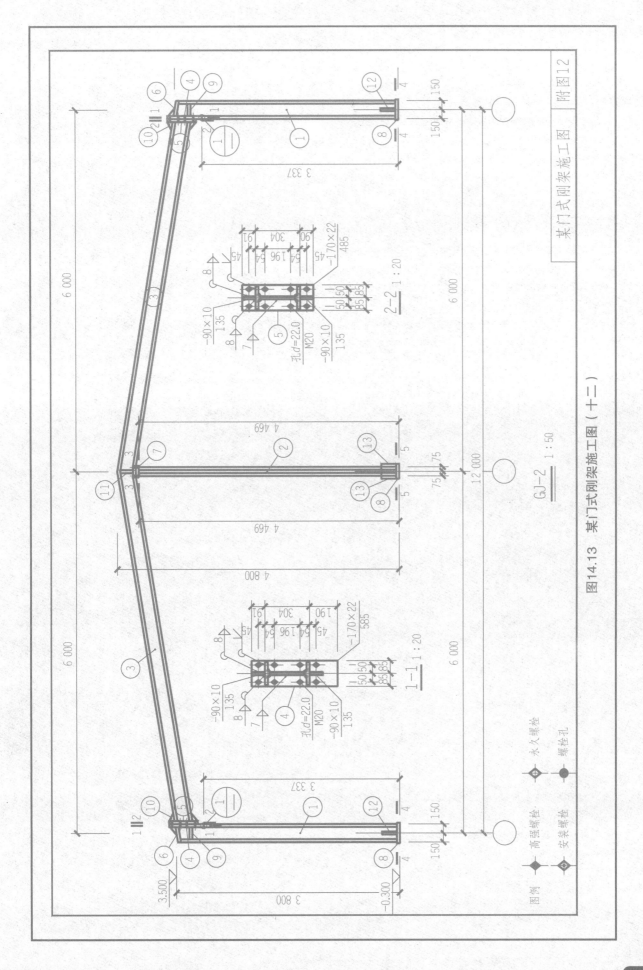

图14.13 某门式刚架施工图（十二）

刚架编号	零件编号	规格	长度/mm	数量 正	数量 反	单位质量	总质量/kg	正总质量
GJ-2	1	HN300×150	3 794	2		139.3	278.7	
	2	HN300×150	4 449	1		163.4	163.4	
	3	HN300×150	5 945	2		218.3	436.6	
	4	−170×22	585	2		17.2	34.4	
	5	−170×22	485	2		14.2	28.5	
	6	−150×10	295	2		3.5	6.9	1 036.9
	7	−190×10	340	2		5.1	10.1	
	8	−247×20	340	3		13.2	39.5	
	9	−72×10	282	4		1.6	6.4	
	10	−90×10	135	6		1.0	5.7	
	11	−72×10	302	2		1.7	3.4	
	12	−120×8	250	4		1.9	7.5	
	13	−120×8	250	2		1.9	3.8	
	14	−80×20	80	12		1.0	12.1	

说明：
1. 本设计按《钢结构设计标准》（GB 50017—2017）和《门式刚架轻型房屋钢结构
技术规范》（GB 51022—2015）进行设计；
2. 材料：未特殊注明的钢板及型钢为Q235钢，焊条为E43系列焊条；
3. 构件的拼接连接采用10.9级等级型连接摩擦型高强度螺栓，连接接触面的处理采用钢丝
刷清除浮锈；
4. 柱脚基础混凝土强度等级为C30，锚栓钢号为Q235钢，锚栓的最小锚固长度 $l_a = 18d$
（d 为锚栓直径）；
5. 图中未注明的角焊缝最小焊脚尺寸为6 mm，一律满焊；
6. 对接焊缝的焊缝质量不低于二级，钢结构的制作和安装需按照《钢结构工程施工质量验收规范》（GB 50205—2001）
的有关规定进行施工。
7. 钢结构的焊缝质量的制作和安装需要按相关规定进行施工。

3—3 1：20
4—4 1：20
5—5 1：20

图14.14　某门式刚架施工图（十三）

219

单元15　综合实训8——绘制楼梯施工图

钢筋混凝土结构楼梯施工详图包括平面图、剖面图及节点详图三部分。楼梯平面图、剖面图常用1∶50的出图比例；楼梯中的节点详图可以采用1∶15、1∶20、1∶30等出图比例。

楼梯平面图绘制时只需要绘制出楼梯及四周与之相邻的墙体，且应准确地表示出楼梯的净空、梯段长度、梯段宽度、踏步宽度和级数、栏杆的大小与位置，以及楼面、休息平台处的标高。

楼梯剖面图须绘制出与楼梯相关的部分，相邻部分用折断线断开，通常，在底层的第一跑楼梯并能剖切到门窗的位置剖切，向底层另一跑梯段方向投影。

楼梯详图一般为楼梯梁、平台柱等构件的配筋详图。

在一张楼梯施工图中放置不同打印比例图形时，如体量较小的工程，一张A1图纸上可以放置楼梯平面图（1∶100）、楼梯剖面图（1∶50）、楼梯梁配筋图（1∶25）等，其做法可参照8.2中的方案二、方案三的做法，应该逐步放弃方案一的做法。

15.1　实训操作——利用布局布置不同出图比例图形

楼梯施工图中出现了多个出图比例，如楼梯平面图采用1∶100，楼梯剖面图采用1∶50，楼梯结构施工图中详图采用1∶20或1∶30出图比例。从更加适用的角度讲，可以采用布局的方式布置这些不同出图比例的图形。

对于初学者而言，布局功能最初使用起来感到不方便，但一经使用，便能感受到布局的强大功能和便捷性。

多种出图比例图形在布局中的布置方法

15.2　本单元附图——某楼梯建筑结构施工图

本施工图为5层办公楼中的楼梯建筑、结构施工图（图15.1～图15.9），共9页，着重表达楼梯的空间信息，虽然没有给出楼梯在建筑平面图中的具体位置，但仍然能清晰地、完整地表达出楼梯的建筑施工图、结构施工图的画法，且均采用了传统的平面、立面、剖面表达方式。楼梯施工图绘制是建筑设计类学生必须掌握的技能之一。

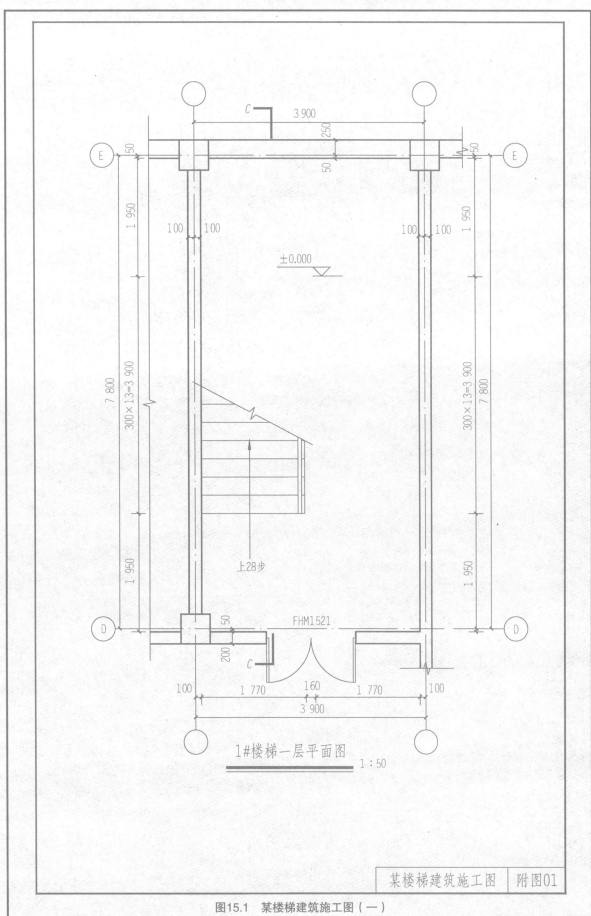

図15.1　某楼梯建筑施工图（一）

某楼梯建筑施工图 | 附图01

1#楼梯一层平面图 1:50

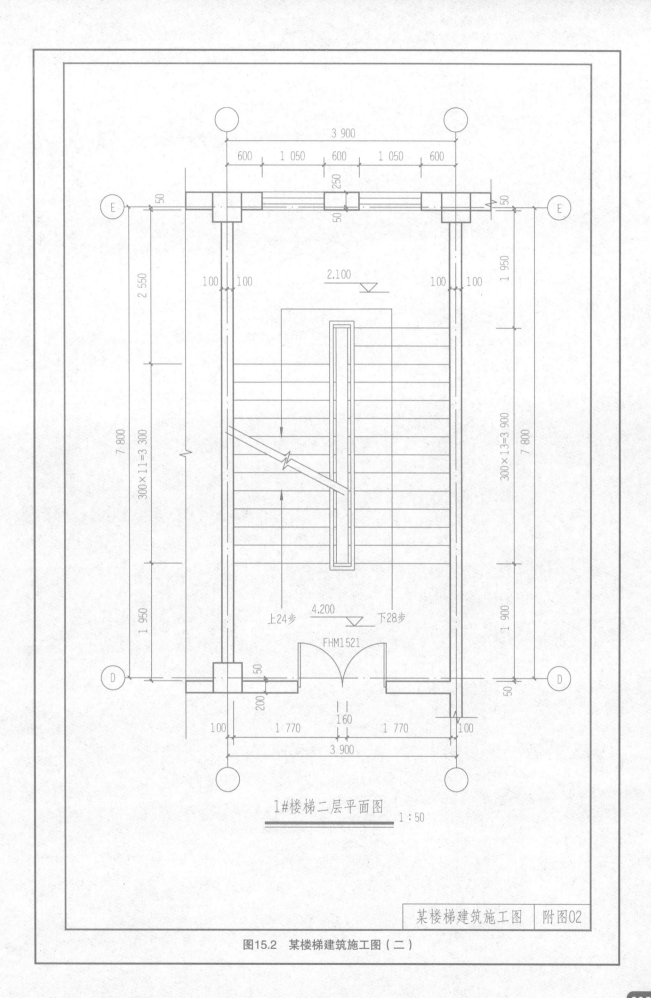

1#楼梯二层平面图 1:50

某楼梯建筑施工图 | 附图02

图15.2 某楼梯建筑施工图（二）

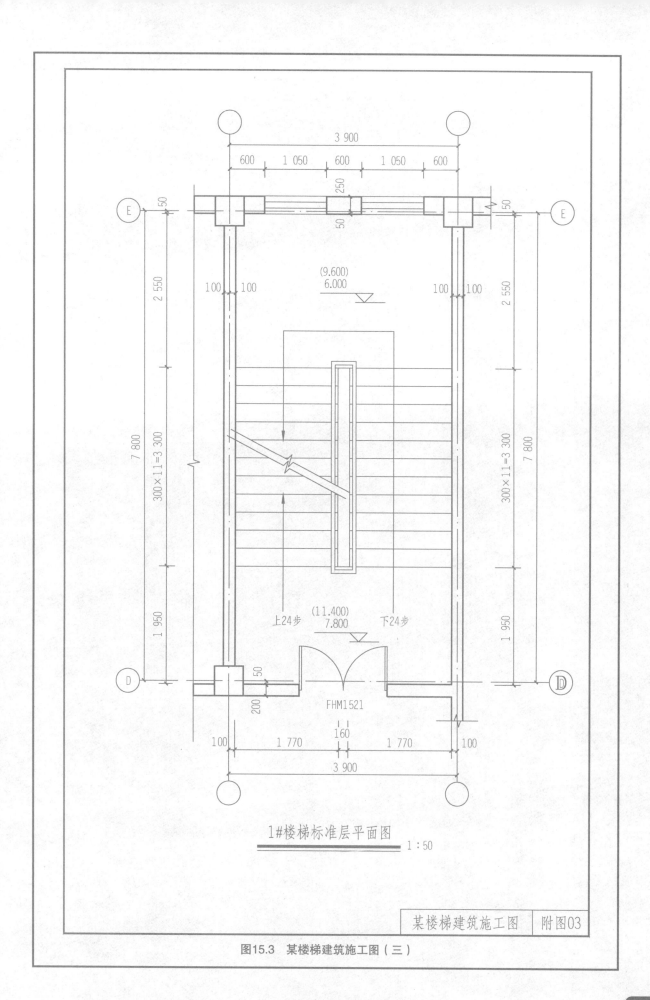

1#楼梯标准层平面图　1：50

图15.3　某楼梯建筑施工图（三）

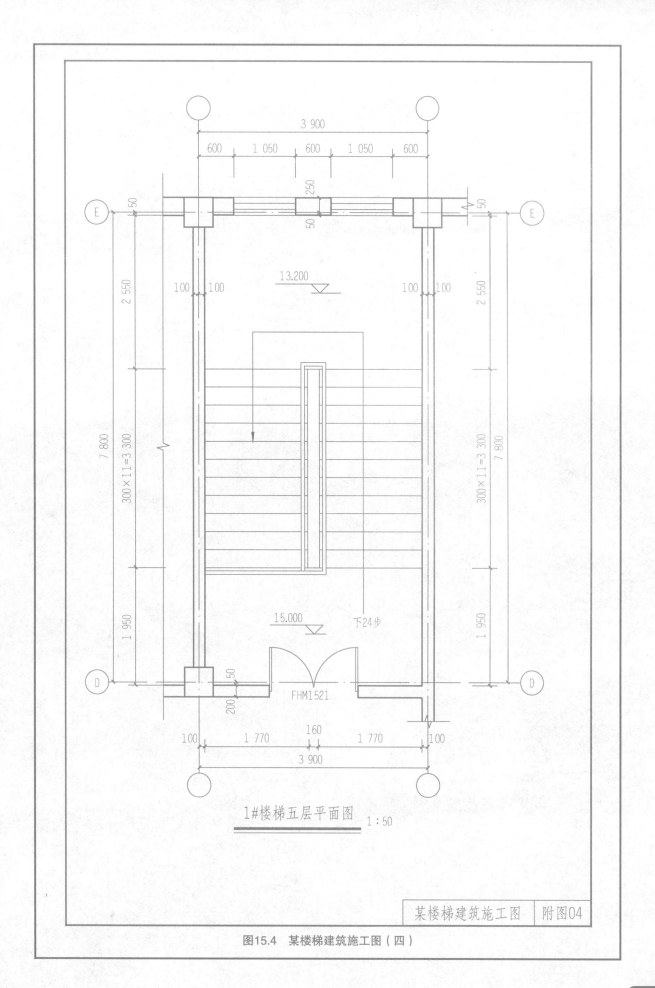

1#楼梯五层平面图 1:50

某楼梯建筑施工图 | 附图04

图15.4 某楼梯建筑施工图（四）

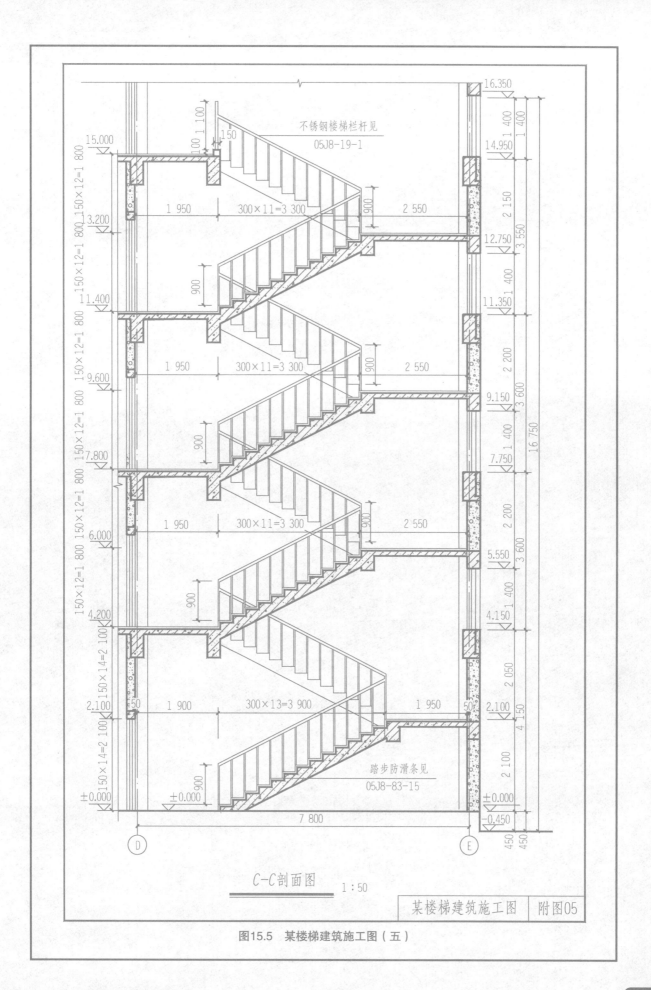

C-C剖面图　　1:50

某楼梯建筑施工图 ｜ 附图05

图15.5　某楼梯建筑施工图（五）

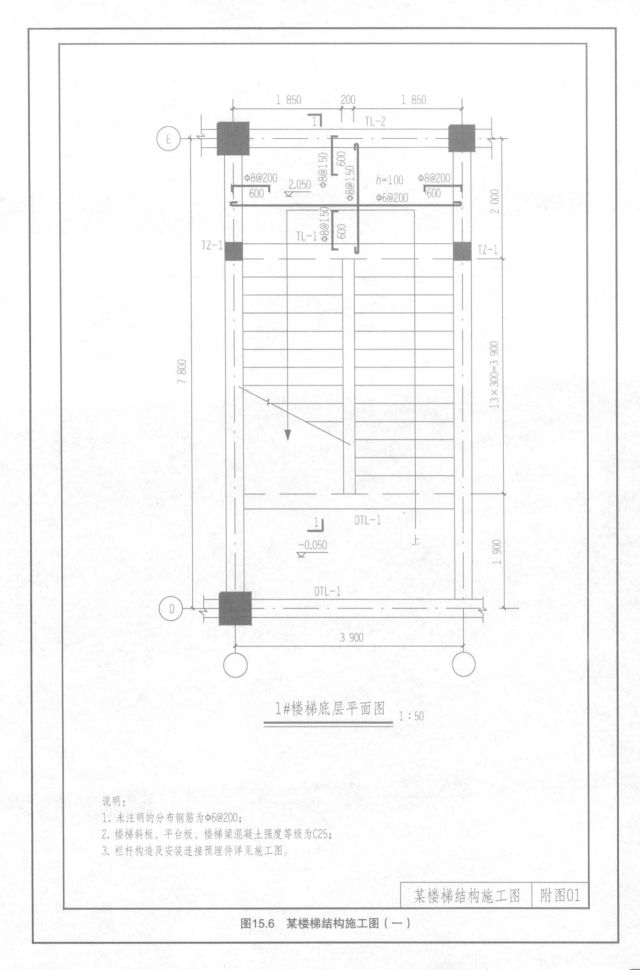

1#楼梯底层平面图 1:50

说明：
1. 未注明的分布钢筋为φ6@200；
2. 楼梯斜板、平台板、楼梯梁混凝土强度等级为C25；
3. 栏杆构造及安装连接预埋件详见施工图。

某楼梯结构施工图 | 附图01

图15.6 某楼梯结构施工图（一）

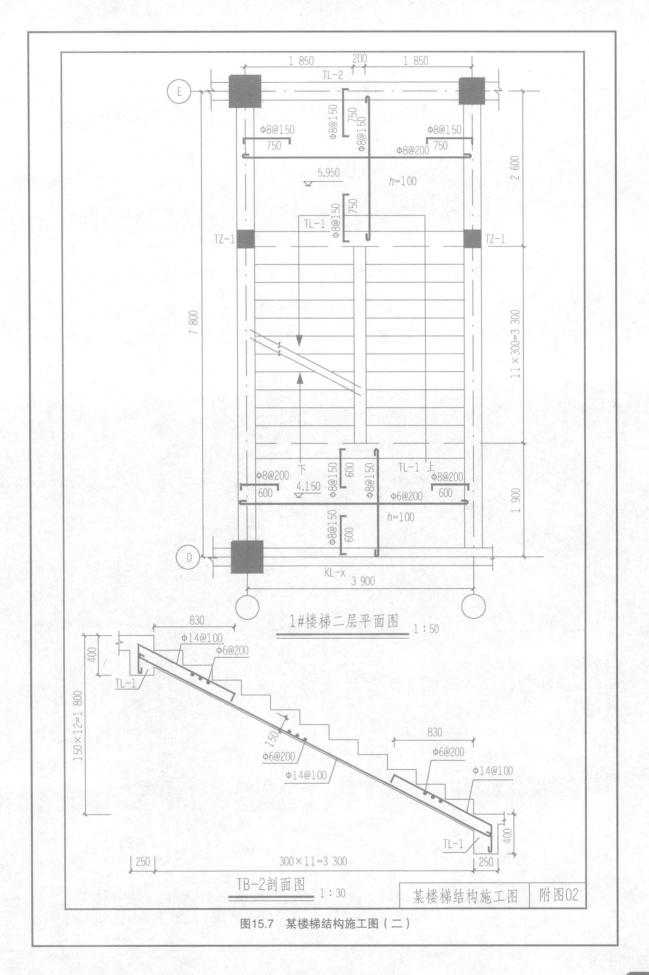

1#楼梯二层平面图 1:50

TB-2剖面图 1:30

某楼梯结构施工图 附图02

图15.7 某楼梯结构施工图（二）

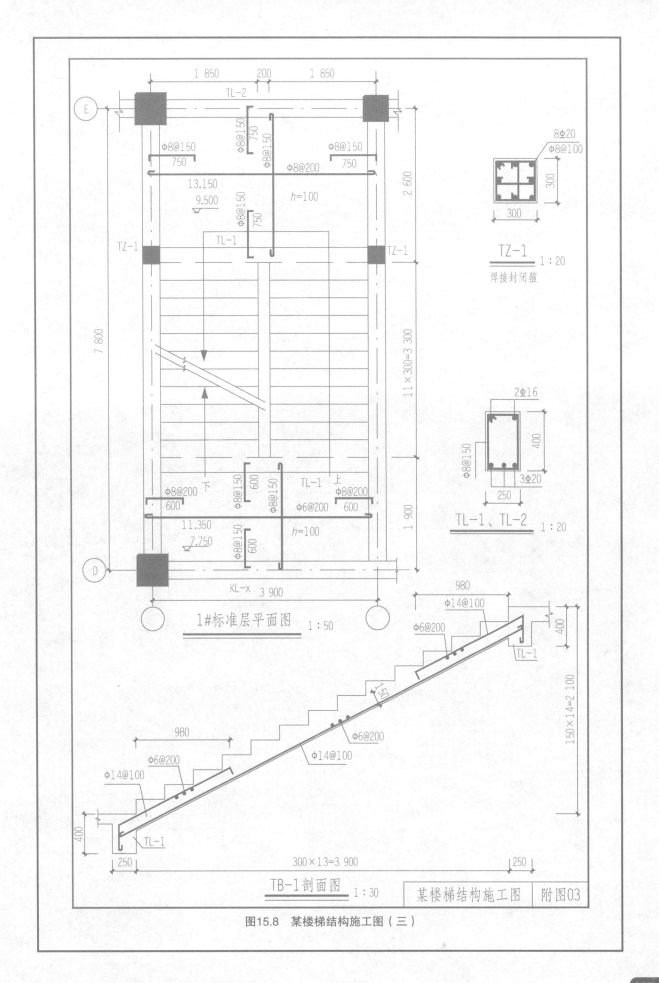

图15.8 某楼梯结构施工图（三）

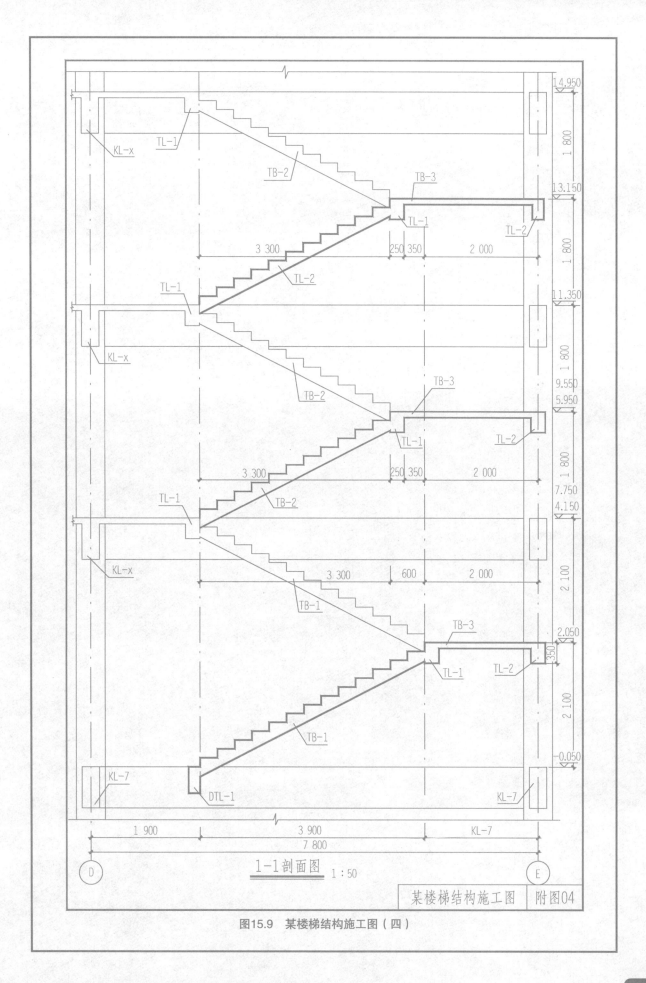

图15.9　某楼梯结构施工图（四）

单元16 综合实训9——综合编辑建筑、结构施工图及打印操作

16.1 综合校核和编辑建筑、结构施工图要点

当一位建筑设计师或结构设计师完成一套完整的相应工种的施工图时，堪称完成了一件完美的艺术品。言外之意，建筑设计及绘图过程是一个复杂的、精细的和高度集中的思维活动与体力活动过程，包括各施工图中图形投影的正确关系、图形标准、说明文字、施工做法等方面的内容。因此，每一部分之间要相互衔接，即涉及施工图完成之前各工种之间的综合检查工作，需要指导老师的认真辅导。当然，目前在BIM等高级技术没有得到广泛应用的前提下，这项检查工作还需要通过人工进行。以下基于更广阔实践的视角指出了建筑、结构施工及相关工种施工图综合校核中应注意的细节问题，供学生课堂实训、就业入门时参考。

16.1.1 图纸标识及说明

（1）检查项目名称、项目编号是否一致。

（2）检查项目概况、建筑高度、室外标高、室内正负零标高、抗震设防烈度、墙体材料等是否一致。

16.1.2 建筑平面图

1. 结构基础施工图

（1）检查平面内容是否一致，轴网及轴网编号是否一致。

（2）检查基础平面尺寸、地下室墙体、柱平面尺寸及定位轴线是否一致。

（3）检查电梯基坑、集水坑的平面位置、坑底标高是否一致。

（4）检查有地下室的情况，结构底板板面标高（绝对标高）与建筑标高，以及建筑总说明注明的地下室建筑面层厚度是否一致。

（5）检查无地下室的情况，结构基础梁梁顶标高（绝对标高）与建筑正负零标高，以及建筑总说明注明的地面建筑面层厚度是否一致，底层地面或基础平面的基础梁、拉梁、承台等是否对设备管沟及雨污水管等有影响，是否需要避让，且有无避让做法。

2. 结构柱、剪力墙施工图

（1）检查平面内容是否一致，轴网及轴网编号是否一致，各层平面标高是否一致。

（2）检查墙、柱平面尺寸及定位是否一致，剪力墙与梁的偏心是否与建筑吻合。

（3）检查建筑、结构图纸中地下室外墙是否反映预留洞口或预埋穿管的位置、大小及标高是否一致。

（4）检查地上剪力墙留洞尺寸及标高是否一致，是否满足建筑（吊顶）要求。

（5）检查建筑、结构图纸是否已反映风机房墙体及风井留洞。

3. 结构梁板施工图

（1）检查平面内容是否一致，轴网及轴网编号是否一致，各层平面标高是否一致。

（2）检查结构降板高度与建筑总说明中注明的楼屋面板建筑面层厚度是否一致；建筑图中特别注明的结构标高是否与相应结构图一致。

（3）核对建筑及设备留洞（电梯井道、楼梯间净宽、风井、设备留洞、设备吊装孔）是否考虑结构梁宽，特别是结构转换处要考虑结构梁的宽度变化，剪力墙收分处要考虑剪力墙的厚度变化。

（4）检查结构梁布置是否满足建筑使用功能需要及空间美观要求，如住宅户内客厅及餐厅上方梁位置是否合理，次梁是否裸露在走道上方。

（5）全面复核梁下净高（尤其是最大梁高处）是否满足设备安装后的各建筑空间最小净高要求（注意结构降板、坡道入口处等），例如，复核走道、餐厅、客厅、厨房、卫生间等净高，复核地下车库净高。

（6）检查幕墙根部是否设置结构地梁，尤其是地下室顶板降板区域。

（7）复核防火卷帘上方是否有足够的管道敷设空间。

（8）检查阳台、露台、卫生间、室外平台等部位是否考虑了特殊降板，采暖地面和非采暖地面的降板厚度是否区分；需要设置排水沟的房间（如水泵房、热交换站、地下车库）是否考虑了排水沟的构造厚度；需要设置电缆沟的房间（如开闭所、变电所）是否考虑了特殊降板。

（9）结构降板区域上返梁不应影响排水、管线及建筑使用功能；地下室顶板上返梁不应影响室外排水沟、室外管线、室外扶梯底坑等布置。

（10）检查结构板边线与建筑内容是否一致（特别是玻璃幕墙及有通窗的部位）；设备用房及屋面设备基础的平面位置及尺寸是否一致。

16.1.3　建筑立面图

（1）检查周边梁高与建筑立面是否一致；外立面各层窗顶标高建筑、结构是否一致。

（2）检查立面空调板、阳台板、雨篷板、造型挑板标高与建筑立面是否一致。

（3）检查女儿墙标高变化是否一致。

（4）检查幕墙安装需要在外墙体设置的构造柱、圈（连）梁、预埋件是否满足建筑要求。

（5）检查外挑结构封边梁高度与建筑立面是否一致，外廊、外走道等梁高是否连续一致。

（6）检查外立面幕墙、雨篷（非土建）、大的电子显示屏等安装和固定是否考虑了结构处理方式。

16.1.4　墙身节点

（1）检查轴号、墙身或节点编号是否一致。

（2）检查墙身、节点有无缺漏。

（3）检查各部位尺寸与标高是否一致。

（4）检查框架梁、圈梁、过梁的尺寸、位置及轴线偏向是否一致；与平面、剖面是否吻合。

（5）检查地面做法、各部位结构降板是否一致。

（6）检查墙身构造做法的施工便捷性和经济性。

16.1.5　楼梯详图

（1）检查楼梯索引编号、轴网及轴网编号是否一致。

（2）检查楼梯平台及楼梯梁降板高度与建筑总说明中注明的楼梯间建筑面层厚度是否一致。

（3）检查半平台部位的外侧梁与楼梯间外立面开窗位置是否协调，平台梁与楼梯间疏散门高度是否冲突；是否有楼层框架梁影响半平台建筑净宽（或净高）。

（4）检查各楼梯平台平面尺寸及标高是否一致。

（5）检查各梯段宽度、踏步尺寸数量及起始点定位是否一致。

（6）核对楼梯间构造柱位置。

（7）核对是否有凸出楼梯间净宽、净高以致影响疏散宽度的结构梁、柱。

（8）核对楼梯平台上部及下部过道处的净高大于2 m，梯段净高大于2.2 m。

（9）核对地上梯段与地下梯段之间防火分隔墙的设置位置是否一致；此处结构是否增加了支承梁或扩大了相应梯段板至贴齐对侧梯段板（作为墙体支承）。

（10）检查梯段板横向是否已延伸至楼梯间墙内侧贴齐。

（11）检查地下室出地面楼梯有无设集水坑。

16.1.6　电梯、自动扶梯详图

（1）复核结构图纸各层梯井净尺寸及底坑尺寸是否完全一致，是否符合建筑要求。

（2）复核电梯井道基坑深度、顶层净高、机房净高是否满足建筑要求。

（3）复核各层电梯土建门洞是否满足要求，与建筑一致。

（4）消防电梯应设消防集水坑，有效容积不小于2 m^3。

（5）复核自动扶梯安装所需楼板预留洞尺寸，自动扶梯上下端牛腿梁预留位置；复核自动扶梯土建基坑位置及净尺寸。

16.1.7　坡道详图

（1）检查坡道索引编号、轴网及轴网编号是否一致。

（2）检查坡道结构降板与建筑总说明注明的坡道建筑面层厚度是否一致。

（3）核对坡道上方结构梁，确保2.0 m自行车通行最小净高；2.2 m微型车、小型车（客运）通行最小净高；2.8 m轻型车（货运）通行最小净高（坡道上方如有喷淋保护，复核净高时需要考虑喷淋安装高度）。

（4）核对坡道起始点、变坡点的标高和定位。

（5）检查顶部开敞的车库坡道出口、自行车坡道入口是否设置截水沟、集水井等排水设施。

16.2　实训操作——建筑、结构施工图打印操作

结合前面所述的模型空间、图纸空间中相关的知识，本节将开展打印实训操作。结合学生们的实践活动，可存在两种情况的打印操作。

（1）模型空间中，主要图件采用绘图比例1∶1进行，详图采用放大比例绘制，所见的图即可按统一的比例进行。

（2）模型空间中，主要图件、详图均采用绘图比例1∶1进行。这时需要在图纸空间中，用布置视口的方法布置主要图件、详图，当然，视口比例就是绘图比例，最后按照1∶1的打印比例打印到图纸上即可。

学生们可将本学期连续完成的作品（即参照1.8、7.8等绘制的施工图）打印成pdf格式，即采用虚拟打印机完成打印，其中AutoCAD版本中自带的虚拟打印机"DWG to PDF"打印效果较好。此外，还可采用Adobe系列软件中的PDF虚拟打印机，还可进行PDF文件的合并等操作。为了达到更好的效果，可将学生的作品打印到图纸上，师生间能获得更好的教学评比等效果。实践中的打印环节还应注意以下两个要点：

（1）自定义图纸尺寸。以A2（宽420 mm、高594 mm）图纸为例，一般实际的打印纸卷比420 mm更宽，可达到440 mm。因此，需要打印机（物理或虚拟打印机）设定比图纸稍大一些的尺寸，才能以一定的出图比例将图形打印到图纸上。根本的原因是打印机不能实现零页边距打印的操作。

（2）打印样式的修改。一般，施工图需打印成黑色，因此可以采用与颜色相关的打印样式monochrome.ctb。另外，还可以对其进行修改，如线型、线宽、淡显等操作，以达到既美观又节省材料的目的。

单元17　期末考核

17.1　考核总体要求

在前面大约60学时教学实训的基础上，学生们对AutoCAD绘图技能有了一定的掌握和理解。本节拟定的考核要求是加强和巩固已掌握的绘图技能，内化操作能力，为将来的实践工作奠定良好的基础。

考核内容可为建筑平面图、墙身大样图、楼梯平面图等较为综合的施工图纸，具体的考核要点如下：

（1）掌握建筑工程施工图相关绘图规范要点；

（2）掌握AutoCAD绘图基本步骤；

（3）掌握绘图比例1∶1的基本要求；

（4）掌握注释对象设置的基本要求；

（5）掌握在模型空间、布局（图纸空间）中布置图纸的用法；

（6）掌握AutoCAD打印操作。

17.2　成绩评定方法

考核时间按4学时计，要求同学们独立完成，教师在学生考试过程中可施加辅导、提示，达到使学生在考试中学习、在考试中锻炼的目的。总成绩评定按5分制确定，具体考核要点见表17.1。

表17.1　建筑工程CAD课程期末考核表

序号	项目	考核要点	分值/分
1	出勤、CAD软件打开或关闭操作、界面操作、绘图环境设置	按时出勤；能打开或关闭CAD软件，并能进行简单的绘图界面设置、绘图环境设置；能正确地将白屏改为黑屏；能找出工具条、选项板等工具；能调整命令栏适当的高度；能正确设置鼠标键功能	1
2	设置图层、尺寸标注样式、文字样式等实训操作	（1）能设置必要图层，命名，并设置颜色、线型等；在绘图中能正确应用、编辑；能设置尺寸标注、文字样式等注释性样式，得1分； （2）在defpoint，图层上绘制实际需要显示对象的，扣0.5分	1

序号	项目	考核要点	分值/分
3	绘图实训操作	（1）能在模型空间绘图，明确绘图比例、出图比例；能比较熟练地绘制出施工图的全部内容，如轴线、墙体、门窗等构件，图层使用明确，尺寸标注、文字等注释对象设置符合规范要求，图形美观、表达完整者，按2.5分计； （2）能完成绘图操作的大部分工作，对个别命令使用不熟练，不能完全正确按照规范设置图层、标注、文字等，绘制的图形缺少部分者、表达不全面者，按1.5分计； （3）仅能用绘制命令绘制出轴线等少量构件，不能正确地按照规范设置尺寸标注、文字等注释对象，得0.5分	2.5
4	打印实训等操作	能正确使用实体打印机或虚拟打印机，在模型空间或图纸空间中打印图纸，会设置图纸尺寸、打印比例、打印范围、打印样式等；能正确保存CAD格式文件及符合版本要求，能正确进行电子文件传递（含字体、打印样式等），能发送文件到指定电子邮件地址。如果打印过程中有严重失误，如打印比例错误等，则扣掉全部分值	0.5

17.3 建筑工程CAD考题（一）

1．请使用limits命令创建绘图区域，下角点（0，0），上角点（21 000，29 700）；并将该绘图区域置为开启状态。提示：本操作在实践绘图中较少应用，完全可以忽略。此处为教师阅卷时打印操作方便而为。（占总分值的5%）

2．请绘制A4图框，立式。（占分值10%）

3．请结合文字描述绘制简单的建筑图形。（占分值50%）

某值班室，①轴与②轴间距3 300 mm，②轴与③轴间距3 900 mm；A轴与B轴间距4 500 mm。室外平开门开设在②、③轴交B轴之间，900 mm宽；室内平开门位置自拟。窗户宽1 500 mm，居中墙体设置。外墙370 mm，内墙240 mm。室内外高差为450 mm。散水800 mm，台阶高度150 mm、宽度300 mm，长度方向尺寸自拟。出图比例为1：100。

要求：

①绘制出建筑平面图；

②标注尺寸；

③注写图名、房间名称，可自拟；

④注写标高符号；

⑤可在设计中心功能中，加入适当的家具、卫生洁具等。

4．请绘制如图17.1所示的建筑结构施工图。（占分值35%）

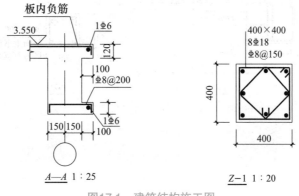

图17.1　建筑结构施工图

17.4　建筑工程CAD考题（二）

1．请使用limits命令创建绘图区域，下角点（0，0），上角点（21 000，29 700）；并将该绘图区域置为开启状态。提示：本操作在实践绘图中较少应用，完全可以忽略。此处为教师阅卷时打印操作方便而为。（占总分值的5%）

2．请绘制A4图框，立式。（占分值10%）

3．请绘制如图17.2所示的卫生间详图，出图比例为1∶50。（占分值50%）

4．请绘制如图17.3所示的结构施工图，出图比例为1∶25。（占分值35%）

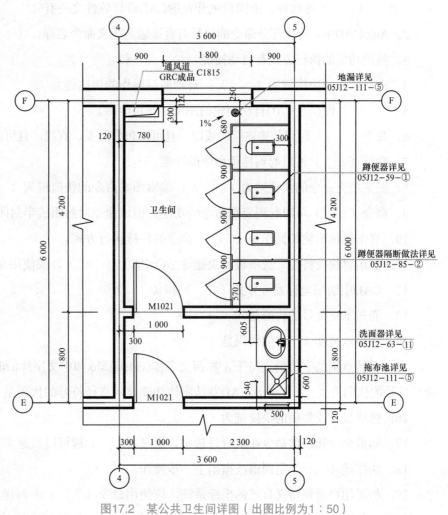

图17.2　某公共卫生间详图（出图比例为1∶50）

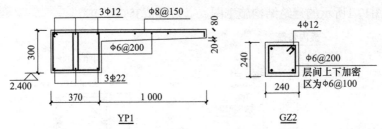

图17.3 结构施工图（出图比例为1：25）

17.5 建筑工程CAD考题（三）

（一）填空题（1×40＝40分）

1．AutoCAD是由（　　）国家开发的一款设计软件；中国在其平台上二次开发的软件有（　　）、（　　）等软件。中国自主开发的CAD设计软件之一有（　　）。

2．AutoCAD中，绝大部分命令的执行有直接输入英文命令名称、（　　）和（　　）等方式。

3．捕捉功能的执行方式有自动捕捉、（　　）和（　　）。

4．正交操作的快捷键为（　　）；自动捕捉操作的快捷键为（　　）。

5．（　　）图层是CAD自动创建的图层，不可删除。

6．命令（　　）可以创建连续的线段，且可以包含圆弧、直线，且可以具有不同线宽的特点。

7．命令（　　）可以起到移动命令的功能。

8．图案填充命令的快捷键为（　　）；编辑图案命令的快捷键为（　　）。

9．命令（　　）可以起到复制命令的功能，但该命令对封闭或半封闭图形对象最为有效。

10．双击鼠标滚轮的操作是（　　）命令的快捷执行方式。

11．显示"快捷特性"选项板的快捷键是Ctrl加上（　　），或使用命令（　　）来实现。

12．CAD中绘图坐标系可分为（　　）和（　　）。

13．能显示正负号的代码是（　　）。

14．能显示角度（°）的代码是（　　）。

15．在特点钢筋字体的支持下，如西文字体tssdeng.shx和中文字体hzdx.shx，显示钢筋HRB400牌号符号的代码为（　　）；而CAD默认字体线能显示直径符号的代码是（　　）。

16．栅格显示或关闭的快捷键为（　　）。

17．修剪命令和延伸命令在执行过程中，通过（　　）键可以快速实现互换。

18．快捷键（　　）是回退或撤销上一步操作。

19．如果用户需要定义自己的坐标系，应使用命令（　　）来创建。

20．在使用直线、多线或多段线绘制线段的过程中，如果需要将起点和终点相连，在命令执行的过程中输入（　　　）即可。

21．Zoom命令是视口命令，如果要将全部的图形缩放回屏幕上来，输入的操作选项字母是（　　　）或（　　　）。

22．绘图中发现两条长短不一的线重合时，可通过（　　　）操作将置于后面的线前置。

23．快捷键（　　　）控制着文本窗口的显示，即可查看所有命令的执行过程。

24．单击鼠标滚轮可实现视图的平移功能，同样的操作可通过命令（　　　）来完成。

25．CAD绘图操作中，常用的选择对象的方式有（　　　）和（　　　）两种。在某些命令执行中，提示F选项选择对象时，其实是（　　　）方式选择对象。

26．使用相对坐标系是CAD绘图中常见的操作，即使用（　　　）符号为相对坐标系的标志。

27．WCS代表世界坐标系的标志字母；（　　　）是用户坐标系的标志字母。

（二）判断题（1×30＝30分，对的打"√"，错的打"×"）

1．捕捉操作或正交操作等，为透明命令，即不能单独使用，只能在其他命令使用中配合使用。　　　　　　　　　　　　　　　　　　　　　　　　　　　　　　　　　　（　　　）

2．在默认的情况下，角度的正负规定为，逆时针为正，顺时针为负。　　　　（　　　）

3．在正交开启的情况下，不能作出斜向的线段。　　　　　　　　　　　　　（　　　）

4．绘制图形的过程，CAD中没有具体单位的概念，但存在图形单位的概念。可以默认1个图形单位为1毫米，然后展开绘图过程。　　　　　　　　　　　　　　　　　　　（　　　）

5．块是CAD中集合多个图形对象的整体，一旦建立便不可修改。　　　　　（　　　）

6．CAD中如果想输入汉字，则须在创建字体样式时，选择相应的中文大字体。（　　　）

7．我国建筑施工图中规定数字、罗马字母、西文字母等高度不得小于2.5 mm。（　　　）

8．我国建筑施工图中规定汉字的高度最小为3.5 mm，其高度需按照5、7、10、14（mm）等的高度选用。　　　　　　　　　　　　　　　　　　　　　　　　　　　　　（　　　）

9．我国建筑施工图中规定汉字等字体选用单线体字体，不选用Windows自带的字体。（　　　）

10．钢筋符号可否正确显示在CAD中，取决于所依赖的中文字体和西文字体。（　　　）

11．CAD中，defpoints层为默认的图层，该层上的对象不可打印，但可以显示。（　　　）

12．CAD命令执行中，要求进行选择对象的操作时，用户在选择对象之后须按Enter或Space键，或者单击鼠标右键。这对绝大多数命令是正确的，但也有的命令要求选择对象后，不需要按Enter或Space键或单击鼠标右键，将自动完成命令的执行。　　　　　　　　　　（　　　）

13．图层被执行关闭操作后，该图层上的对象将不会被删除或复制等。　　　（　　　）

14．CAD绘图区域内，白色屏幕的颜色一般不推荐使用，因为白色背景下，不能较好地显示淡或浅颜色的对象，如黄色等。　　　　　　　　　　　　　　　　　　　　　　（　　　）

15．在布局中由视口命令创建的视口对象，可以执行复制、移动等操作。　　（　　　）

16．视口被执行锁定后，视口比例不再改变，该视口对象也不能被复制或移动。（　　　）

17．注释性特性是CAD中某些对象可以具有的属性，不是所有对象都具有的特性。（　　　）

18．CAD中的圆角（fillet）命令中的圆角半径不可设为零。　　　　　　　（　　　）

19. 找出工具条的方法之一是将鼠标置于任一工具条的图标上，然后单击鼠标右键。（　　）

20. Esc键在多数情况下可作为结束命令操作来使用。（　　）

21. CAD中定义的线宽为0，就是真正的零宽度线段，是打印不出来的。（　　）

22. 图层特性和打印样式操作，可以在打印环节自由地控制对象的线型、线宽等特征。（　　）

23. 在布局中创建视口线时，封闭的线或图形可作为自定义的视口线。（　　）

24. CAD处理插入的图形对象时，可以执行缩放、移动或复制等操作。（　　）

25. CAD保存的后备文件扩展名为".bak"，使用时只要将"bak"改为"dwg"即可。（　　）

26. CAD图形在打印时可通过虚拟打印机打印成图片或PDF格式文件。（　　）

27. "捕捉自"是捕捉菜单中的一项，其功能是依据已知的一点和相应的位置关系捕捉到另一点。（　　）

28. CAD软件是一种"交互式"的命令操作软件，即按照一定的指令完成一定的操作过程。（　　）

29. 通过双击鼠标左键可实现对某些对象的修改或编辑操作，但不是对所有的对象都适用。（　　）

30. CAD软件退出可通过命令exit或quit来实现。（　　）

（三）简答题（3×10=30分）

1. 简述绘制折断线中用到的命令以及过程。

2. 简述使用多段线绘制实心箭头的过程。

3. 简述适合建筑工程施工图中所用尺寸标注样式的创建过程。

提高篇：AutoCAD实用技巧

单元18 绘图过程实用设置及技巧

18.1 绘图实用设置

1. 固定模型空间中坐标系图标

绘图时，模型空间中的直角坐标图标会随着图形移动。如果拟固定该图标，执行命令ucsicon，选择"no"选项即可，可以使该图标固定于绘图窗口的左下角。

2. AutoCAD中的工具栏不见了怎么办？

执行"工具"→"选项"→"配置"→"重置"命令；也可以用命令menuload，然后单击"浏览"按钮，选择"ACAD.MNC"加载即可。

3. 重合的线条怎样突出显示？

执行"工具"→"显示顺序"命令。

4. Tab键在AutoCAD捕捉功能中的妙用

当需要捕捉一个物体上的点时，只要将鼠标靠近某个点或某物体，不断地按Tab键，这个物体的某些特殊点（如直线的端点、中间点、垂直点、与物体的交点、圆的四分圆点、中心点、切点、垂直点）就会轮番显示出来，选择需要的点单击即可捕捉这些点。注意，当鼠标靠近两个物体的交点附近时，这两个物体的特殊点将先后轮番显示出来（其所属物体会变为虚线），这对于在图形局部较为复杂时捕捉点很有用。

5. 如何自定义尺寸标注中的箭头样式？

在图层0层上，首先使用line命令绘制一长度为3的直线，再使用pline命令绘制宽度为0.5、长度为2、倾斜角度为45°的多段线，然后以多段线的中点为基点将多段线移动到直线的中点。其次，使用block命令创建名为"_DIMBLK"的块，注意不能使用wblock命令创建该块。最后，在尺寸标注样式设置中将"用户箭头"选择为上述块即可。

6. 怎么修改CAD的快捷键？

执行"工具"→"自定义"→"编辑自定义文件"→"程序参数（ACAD.PGP）"命令；或直接修改其"SUPPORT"目录下的"ACAD.PGP"文件即可。

正是因为可以自定义快捷键，使得设计工作者可以左手控制键盘、右手控制鼠标，能展开高效率的绘图工作。这种左手控制键盘的方法，设计圈称为"左手键"，即经修改"ACAD.PGP"文件后左手可以控制常用的绝大多数命令，网络上分享的"左手键"如下，供读者参考，修改"ACAD.PGP"时，不必添加后面的中文。

A	*ARC	创建圆弧
AD	*ATTEDIT	改变属性信息
AG	*ALIGN	将对象与其他对象对齐
AR	*ARRAY	阵列
B	*BLOCK	创建块
BR	*BREAK	打断选定对象
C	*CIRCLE	创建圆
CA	*CAL	计算算术和几何表达式
CC	*COPY	复制对象
CF	*CHAMFER	为对象的边加倒角
D	*DIMSTYLE	创建和修改标注样式
DA	*DIMANGULAR	创建角度标注
DD	*DIMDIAMETER	创建圆和圆弧的直径标注
DE	*DIMLINER	创建线性标注
DG	*DIMALIGNED	创建对齐线性标注
DR	*DIMRADIUS	创建圆和圆弧的半径标注
E	*ERASE	从图形中删除对象
ES	*ELLIPSE	创建椭圆
EX	*EXTEND	延伸对象
F	*FILLET	倒圆角
FC	*POLYGON	创建闭合的等边多段线
FF	*LINE	创建直线段
FS	*OFFSET	偏移
FV	*MOVE	移动对象
R	*PAN	在当前视口中移动视图
RA	*RAY	画射线
RD	*REDO	撤销前面UNDO或U命令的效果
REC	*RECTANG	绘制矩形多段线
RT	*ROTATE	旋转
SC	*SCALE	按比例放大或缩小对象
SD	*DDSELECT	选项设置
T	*TRIM	修剪对象
V	*UNDO	撤销命令
WW	*MIRROR	镜像

XX	*XLINE	创建无限长的直线（即参照线）
Z	*ZOOM	放大或缩小视口中对象的外观尺寸
ZA	*ZOOMALL	缩放全部
ZD	*ZOOMDYNAMIC	动态缩放
ZE	*ZOOMEXTENTS	缩放范围

其他"左手键"快捷命令表

AA	*AREA	计算对象或指定区域的面积和周长
AP	*APPLOAD	加载或卸载应用程序
AT	*MATCHPROP	将选定对象的特性应用到其他对象
ATT	*ATTDEF	创建属性定义
AV	*DSVIEWER	鸟瞰视图
BD	*BOUNDARY	从封闭区域创建面域或多段线
CT	*CUTCLIP	剪切图形
CR	*COLOR	设置新对象的颜色
DB	*DIMBASELINE	从上一个标注或选定标注的基线处创建标注
DC	*DIMORDINATE	创建坐标点标注
DT	*DIST	测量两点之间的距离和角度
DV	*DVIEW	定义平行投影或透视视图
DZ	*LEADER	创建连接注释与几何特征的引线
ED	*DDEDIT	编辑文字、标注文字、属性定义和特征控制框
EG	*LENGTHEN	修改对象的长度和圆弧的包含角
ER	*LAYER	管理图层和图层特性
EE	*LINETYPE	加载、设置和修改线型
FD	*OPEN	打开现有的图形文件
FE	*EXPORT	以其他文件格式输出
FG	*PLINE	创建二维多段线
FGE	*PEDIT	编辑多段线和三维多边形网格
FW	*LWEITH	设置线宽、线宽显示选项和线宽单位
FT	*FILTER	为对象选择创建过滤器
FX	*PROPERTIES	控制现有对象的特性
G	*GROUP	对象编组
RW	*REDRAW	刷新当前视口中的显示
RE	*REGEN	从当前视口重生成整个图形
REE	*RENAME	修改对象名
RR	*RENDER	渲染
SA	*SAVEAS	另存为
SV	*SAVE	保存

SS	*HATCH	用无关联填充图案填充区域
ST	*STYLE	创建、修改或设置命名文字样式
TB	*TOOLBAR	显示、隐藏和自定义工具栏
TE	*TOLERANCE	创建形位公差
TT	*TEXT	创建单行文字对象
TTT	*MTEXT	创建多行文字对象
VV	*UNITS	控制坐标和角度的显示格式并确定精度
W	*WBLOCK	将对象或块写入新的图形文件
WW	*MIRROR	镜像
WE	*WEDGE	创建三维实体并使其倾斜面沿X轴方向
X	*EXPLOPE	将合成对象分解成它的部件对象
XA	*XATTACH	将外部参照附着到当前图形
XB	*XBIND	将外部参照依赖符号绑定到当前图形中
XC	*XCLIP	定义外部参照或块剪裁边界，并且设置前剪裁面和后剪裁面

18.2　绘图实用技巧

1. 鼠标中键的妙用

双击鼠标中键，相当于执行zoom命令中的"e"选项（全局缩放）操作。

2. 命令stretch的妙用

使用拉伸命令stretch时，将对象全部选中即可实现移动操作，相当于移动命令move，实际操作可以代替移动命令。

3. 命令fillet的妙用

当把命令fillet的参数修剪半径设定为0时，可实现对两条相交直线进行修剪的功能，在此种情况下相当于实现命令trim的功能；同时，fillet命令的快捷命令为f，可由左手控制，在绘图中是十分方便的操作。

4. 命令前加"_"与不加"_"的区别

命令前加"_"与不加"_"在AutoCAD中的意义是不一样的。命令前加"_"是AutoCAD 2000以后为了使各种语言版本的指令有统一的写法而制定的相容指令。命令前加"_"是该命令的命令行模式，不加就是对话框模式，具体一点说：前面加"_"后，命令运行时不出现对话框模式，所有的命令都是在命令行中输入的，不加"_"命令运行时会出现对话框，参数的输入在对话框中进行。

5. 如何在修改完ACAD.LSP后自动加载

可以将ACADLSPASDOC的系统变量修改为1。

6. Ctrl键无效的解决办法

有时会遇到这样的问题，如Ctrl+C（复制）、Ctrl+V（粘贴）、Ctrl+A（全选）等一系列和Ctrl键有关的命令都会失效，这时只需要在options命令选项中进行设置即可。

操作方法：在命令行输入"op"，打开"选项"对话框，进入"用户系统配置"选项卡，选中"Windows标准加速键"复选框即可。

7. 填充无效时的解决办法

有时填充时会无效果，除系统变量需要考虑外，还需要去"选项"对话框里检查一下，进入"显示"选项卡，选中"应用实体填充"复选框即可。

8. 无法选中多个对象时的解决办法

绘图中，正确的设置应该是可以连续选择多个对象，但有的时候，不能连续选择物体，只能选择最后一次所选中的物体。这时可以采用如下方法进行解决：

（1）在命令行输入"op"，打开"选项"对话框，进入"选择集"选项卡，选中"用Shift键添加到选择集"复选框即可；

（2）选中"用Shift键添加到选择集"复选框后则加选有效；反之则加选无效。或使用pickadd命令调整，数值为0/1。

9. 选项卡中的"模型""布局"不显示时的解决方法

在命令行输入"op"，打开"选项"对话框，进入"显示"选项卡，选中"显示布局和模型选项卡"复选框即可。

10. 如何缩小文件？

在绘图基本完成时，执行清理（purge）命令，可以清理掉多余的对象及样式等，如无用的块，没有实体的图层，未用的线型、字体、尺寸样式等，可以有效缩小文件。

11. 有些图形能显示却打印不出来的原因

如果图形绘制在AutoCAD自动产生的图层DEFPOINTS、ASHADE上，就会出现这种情况。应避免在这些层绘图，除非不希望被打印时，可以使用以上图层。

12. 打印出来的字体是空心的处理方法

在命令行输入"textfill"，值为0则字体为空心，为1则字体为实心。

13. 删除顽固图层的有效方法

删除顽固图层的有效方法是采用图层影射，命令是"laytrans"，将需要删除的图层影射为0层即可，这个方法可以删除具有实体对象或被其他块嵌套定义的图层，也可以说是万能图层删除器。

18.3 发布与输出图形

18.3.1 发布图形

如图18.1所示，AutoCAD中的"发布"类似打印功能，但其功能强于打印操作，可以批量发布图纸文件或图纸集的若干个"布局"到打印机，方便后续生成纸质图样；也可以发布生成电子文件（dwf格式、dwfx格式、pdf格式等），且当用户建立图纸集时比较有用，但是需要对每个"布局"进行参数设置操作。为方便使用，一般是预先建立好常用的"布局"，并存为模板文件。

图形发布的优点是可以在图纸不打开的情况下进行操作，实现类似"打印"的功能，即发布的功能。

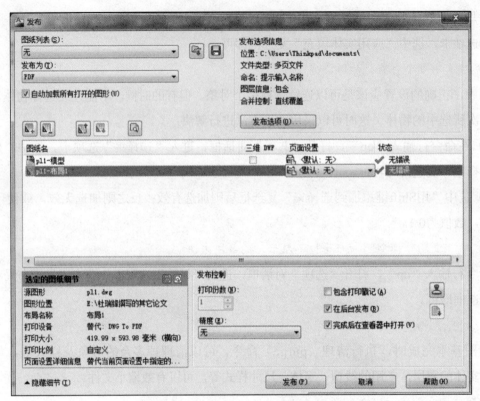

图18.1　"发布"对话框

18.3.2　输出图形

在AutoCAD中的图形文件为dwg格式。AutoCAD还可以输出其他格式的文件，为第三方程序提供图形数据的输入。

1. 输出图片格式

在命令行输入命令"export"，或执行"文件"→"输出"命令，确定输出格式为wmf、eps、bmp等，然后选择要输出的图形，命名，保存到目标文件夹中即可。需要注意的是，此命令操作仅在模型空间中有效，对象的线宽直接设定为所需的宽度即可，不可以使用pline命令定义线宽。在Word文档中，通过菜单命令"插入"→"图片"→"来自文件"操作将上述生成的图片插入到文件中，调整后即可得到效果美观、打印质量好的图片了。

另外，使用exportpdf命令可以直接将屏幕上显示的图形输出为pdf格式的文件。

2. 输出为其他格式

AutoCAD可以输出其他格式的文件，具体情况视其他程序而定，例如，可将dwg格式的文件转化为一种二进制sat格式的数据交换文件，供其他软件识读图形，实现AutoCAD软件与其他软件的数据交换。

18.4　动态块的应用

18.4.1　动态块简介

动态块是一种定义了参数及其关联动作的特殊块或高级块，其主要特点有两个，一是一个动态块相当于集成了一组块，用户可以直接通过选择某个参数快速改变块的外观；二是用户可以直接利用块夹点编辑块内容。

动态块简介

例如，将不同长度、角度、大小、对齐方式、个数，甚至整个块的图形样式设计到一个相关块中，当插入动态块以后，在块的指定位置处出现动态块的夹点，选择夹点可以改变块的特性，如块的位置、反转方向、宽度尺寸、高度尺寸、可视性等，还可以在块中增加约束，如沿指定方向移动等。

18.4.2　工具选项板中动态块的应用

动态块具有灵活性和智能性，它极大地方便了块的使用，提高了绘图效率，并且极大地减少了块图形库创建的工作量，还可以精简块图形库。在 AutoCAD 的工具选项板中，系统提供的块基本都是动态块。下面以在墙体中插入动态块门为例，了解动态块的应用。

工具选项板中
动态块的应用

操作步骤如下：

（1）打开已绘制好的建筑平面图，将在留有洞口的位置插入门。

（2）执行"工具"→"选项板"→"工具选项板"命令，将打开"工具选项板"对话框，这里已经定义好了很多按专业分类的块。在选项板标签位置单击"建筑"标签，将样例中的"门"直接拖动，就可以将块插入到当前图形中。

（3）选择"门"，激活动态夹点（图18.2），然后通过选择夹点来修改门的开启方向、宽度和高度、位置等参数。

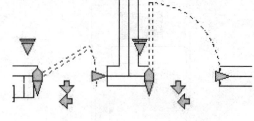

图18.2　动态块的使用

18.4.3　动态块的创建

动态块的创建

1. 动态块的基本特性

（1）线性特性：控制线性方面的动作，包括拉伸、位移、数组等。

（2）旋转特性：控制动态块的旋转。

（3）翻转特性：控制动态块的镜像。

（4）对齐特性：可以将动态块对齐到其他对象上。

（5）可见特性：可以显示动态块的可见性。

（6）查询特性：可以为动态块添加一个规格列表。

2. 创建动态块的步骤

（1）在创建之前规划动态块的内容。

（2）绘制几何图形。

（3）了解块元素如何共同作用。

（4）添加参数。

（5）添加动作。

（6）定义动态块参照的操作方式。

（7）保存动态块后在图形中进行应用。

3. 块编辑器中的基本操作步骤

（1）添加参数。

（2）调整参数。

（3）为参数添加动作。

（4）为动作选定对象。

（5）保存动态块。

18.4.4　创建动态块实例

（1）使用一个单人床的例子来创建动态块。首先绘制一张床的图形，然后把床创建成一个名称为"床"的块，如图18.3所示。

（2）添加动态块的特性：单击"菜单浏览器" ![]按钮，在弹出的菜单中选择"工具"→"块编辑器"命令，打开"编辑块定义"对话框，在"要创建和编辑的块"列表框中选择"床"，如图18.4所示。

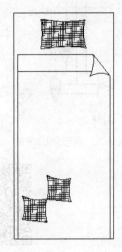

图18.3　创建成块的单人床

图18.4　"编辑块定义"对话框

（3）单击"确定"按钮，进入块编辑器状态，如图18.5所示。

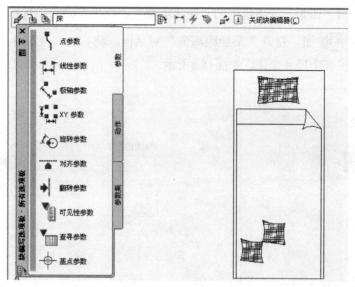

图18.5　块编辑器状态

单击"参数"选项卡中的"线性参数"按钮 ⊞。命令行显示如下：

指定起点或[名称(N)/标签(L)/链(C)/说明(D)/基点(B)/选项板(P)/值集(V)]：

(利用端点捕捉床的左上角点)

指定端点：　　　　　　　　　　　　　　　　　　　(利用端点捕捉床的右上角点)

指定卷标位置：　　　　　　　　　　　(向上拉伸至合适的位置,如图18.6所示)

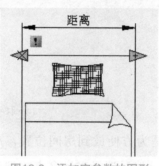

图18.6　添加完参数的图形

创建动态块实例

（4）为参数添加拉伸动作。单击"动作"选项卡中的"拉伸动作"按钮 ，命令行显示如下：

选择参数：　　　　　　　　　　　　　　　　　　　　　　(选择"距离"参数)

指定要与动作关联的参数点或输入[起点(T)/第二点(S)]<起点>：　(指定"床"的右上角点)

指定拉伸框架的第一个角点或[圈交(CP)]：　　　(拾取超出床的左上角点的任意一点)

指定对角点：　　　　　　　　　　　　　　(从左上角向右下角拉出长矩形选区)

指定要拉伸的对象

　　　　(用窗交的方式选择床的右半侧但不包括枕头,如选上枕头,则按住Shift键把枕头去掉)

选择对象：↙

指定动作位置或[乘数(M)/偏移(O)]：　　　　(拾取一个合适的卷标位置,如图18.7所示)

（5）为床添加规格特性。单击"距离"参数，然后单击"标准"工具栏上的 ▣ 按钮，打开"特性"对话框，找到"值集"选项组中的"距离类型"，在下拉列表中选择"列表"选项，单击"距离值列表"旁的 ⋯ 按钮，打开"添加距离值"对话框，将1 200、1 500、1 800三个值添加进去，这样床的宽度可按三个尺寸变化，如图18.8所示。

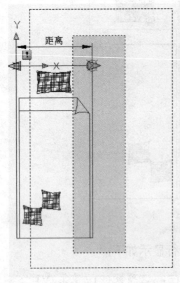

图18.7　给参数添加拉伸动作　　　　　　　　图18.8　"添加距离值"对话框

（6）为枕头添加数组动作。单击"动作"选项卡中的"阵列动作"按钮 ▥▱，命令行显示如下：

选择参数：　　　　　　　　　　　　　　　　　　　　（选择"距离"参数）

指定动作的选择集：　　　　　　　　　　　　　　　　（选择枕头）

选择对象：↙

输入列间距(||||)：(650)

指定动作位置：　　　　　　　　　　　　（拾取一个合适的卷标位置，如图18.9所示）

（7）为床添加对齐参数。这是为方便放到房间位置，对齐参数不需要动作支持。直接选择"对齐"选项，选择床中点即可，然后选择对齐夹点放到房间合适位置中，完成后如图18.10所示。

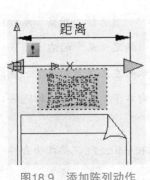

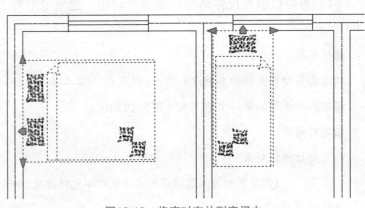

图18.9　添加阵列动作　　　　　　　　　　图18.10　将床对齐放到房间内

18.5　文字工具与字段

18.5.1　增强的文字功能

1. 在位编辑

文字编辑时，被编辑的文字对象并不离开图形中的位置，无论是多行文字、单行文字，还是尺寸标注中的文字，都可以实现真正意义上的在位编辑。

如图18.11所示，双击"制图"二字，就会打开多行文字的编辑器，将字修改为"审核"，单击编辑器中"确定"按钮即可。按Enter键以后还可以继续编辑。

增强的文字功能

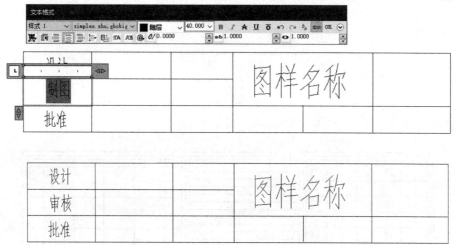

图18.11　多行、单行文字的编辑

2. 快速添加符号

有时需要对尺寸标注中的文字添加符号，如图18.12中线性标注的"12"前面需要添加一个符号"ϕ"，操作过程如下：

命令:ed↙

选择注释对象或［放弃(U)］：　　　　　　　　　　　　　　　　　　　　　　(选择12)

不需要输入"ϕ"的代码，只需要在打开的多行文字编辑器中选择符号"ϕ"即可。单击"确定"按钮完成修改，如图18.12所示。

3. 设置文字背景遮罩，填充文字背景颜色

为了让读图者更容易理解图形，需要对图形添加一些文字说明。例如，在图18.13所示卧室的图案填充中添加"木地板"的文字说明。具体操作如下：

（1）执行"绘图"→"多行文字"命令，命令行显示如下：

指定第一个角点：

指定对角点或[对齐方式(J)/行距(L)/旋转(R)/样式(S)/字高(H)/方向(D)/字宽(W)/列(C)]：

（2）输入文字"木地板"，如图18.13所示。

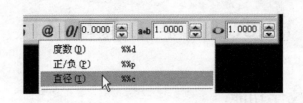

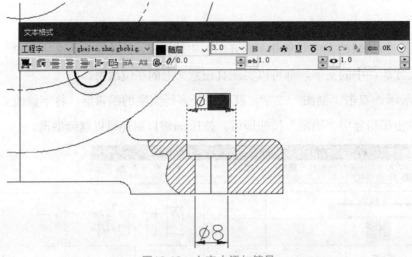

图18.12　文字中添加符号

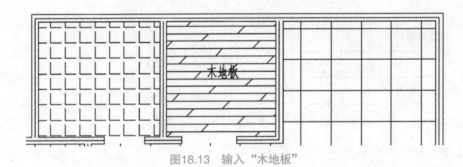

图18.13　输入"木地板"

（3）单击多行文字编辑器中的"选项"按钮，选择"背景遮罩"选项，如图18.14所示。

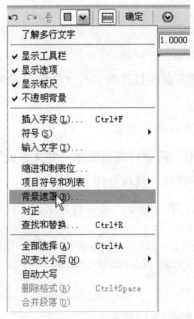

图18.14　选择"背景遮罩"选项

（4）在"背景遮罩"对话框中，勾选"使用背景遮罩"复选框，"边界偏移因子"设定为1，在"填充颜色"选项组中颜色下拉列表框选择"洋红"，单击"确定"按钮，如图18.15、图18.16所示。

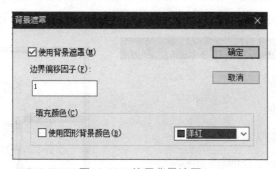

图18.15　使用背景遮罩

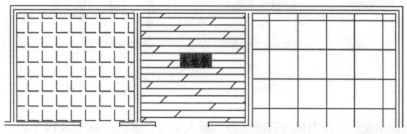

图18.16　填充文字背景颜色

特别说明：如果先书写文字，后填充图案，那么就会自动将文字从图案填充中排除。

18.5.2　字段应用

字段等价于可以自动更新的"智能文字"，就是将可能会在图形生命周期中修改的数据设置为能自动更新的文字。设计人员在工程图中如果需要引用这些文字或数据，可以采用字段的方式，这样，当字段所代表的文字或数据发生变化时，不需要手工去修改它，字段会自动更新。

字段应用

图18.17所示为客厅、主卧及次卧布置图，需要知道这3个房间的面积，这个面积可能在设计过程中产生变化，因此采用字段方式插入。具体操作如下。

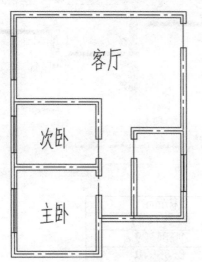

序号	房间	面积mm^2
1	客厅	
2	主卧	
3	次卧	

图18.17　客厅、主卧及次卧布置图

1. 创建边界

执行“绘图”→“边界”命令，打开“边界创建”对话框，单击“拾取点”按钮，拾取内部点，选择客厅、主卧、次卧3个房间，按Enter键，创建了3个多段线为边界，结果如图18.18所示。

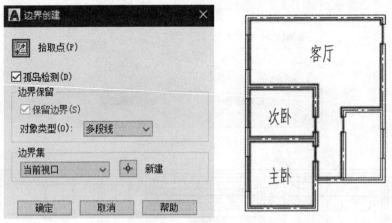

图18.18　创建边界

2. 插入字段

对客厅旁边的单元格，单击鼠标右键选择“插入字段”选项，如图18.19所示。

	A	B	C
1	序号	房间	面积mm²
2	1	客厅	
3	2	主卧	
4	3	次卧	

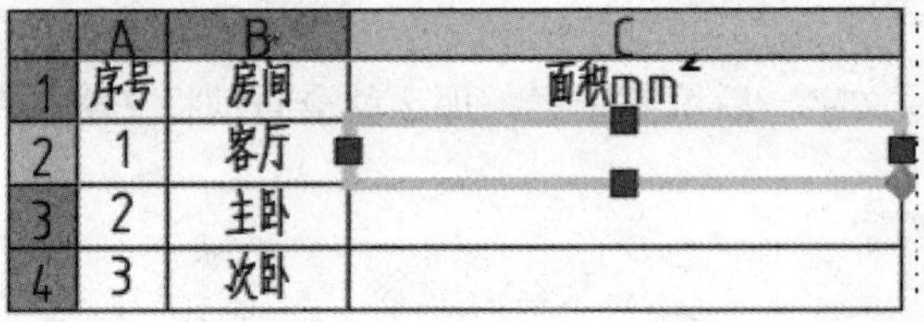

图18.19　插入字段

3. 设置字段类别

打开“字段”对话框，在“字段类别”列表中选择“对象”，单击“对象类型”按钮，选择“多段线”，在多段线的“特性”列表中选择“面积”，修改格式中“小数”的“精度”为0，单击“确定”按钮。以同样的方式完成主卧和次卧的字段插入。操作如图18.20所示。

序号	房间	面积/mm²
1	客厅	32397403
2	主卧	11381229
3	次卧	8365970

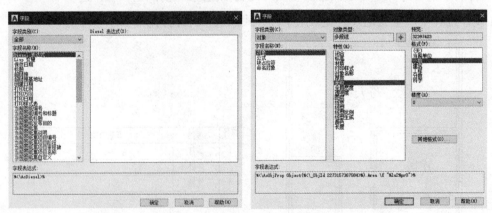

图18.20　插入字段步骤

4．扩大房间面积

操作过程：

命令：_stretch↙
以交叉窗口或交叉多边形选择要拉伸的对象
选择对象：指定对角点：找到48个
指定基点或[位移(D)]＜位移＞：
指定第二个点或＜使用第一个点作为位移＞：1000↙

拉伸后的房间如图18.21所示。

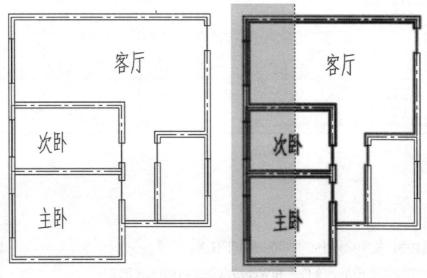

图18.21　拉伸后的房间

5．更新字段

执行"工具"→"更新字段"命令，命令行显示如下：

选择对象：   （选择表格）

按Enter键后表格中面积相应增大，实现了智能化更新，如图18.22所示。

序号	房间	面积/mm²
1	客厅	35757403
2	主卧	14739929
3	次卧	10827271

图18.22　更新字段

18.6　设计中心的应用

AutoCAD设计中心AutoCAD Design Center（简称ADC）为用户提供了一个直观且高效的工

具，它与Windows资源管理器类似。单击"菜单浏览器"按钮，在弹出的菜单中选择"工具"→"选项板"→"设计中心"命令，或在"功能区"选项板选择"视图"选项卡，在"选项板"面板中单击▦按钮，可以打开"设计中心"选项板，如图18.23所示。

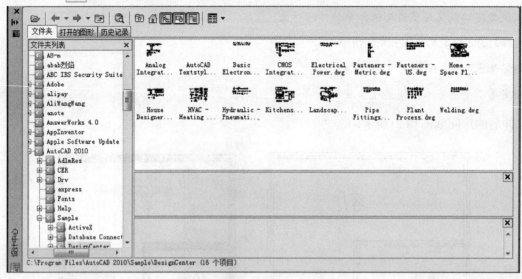

图18.23 "设计中心"选项板

18.6.1 设计中心的功能

在AutoCAD中，使用设计中心可以完成如下任务：

（1）对频繁访问的图形、文件夹和Web站点创建访问快捷方式；

（2）根据不同的查询条件在本地计算机和网络上查找图形文件，找到后可以将它们直接加载到绘图区域或设计中心；

（3）浏览不同的图形文件，包括当前打开的图形和Web站点上的图形库；

（4）查看块、图层和其他图形文件的定义并将这些图形定义插入到当前图形文件中；

（5）通过控制显示方式来控制设计中心控制板的显示效果，还可以在控制板中显示与图形文件相关的描述信息和预览图像。

设计中心的功能

18.6.2 在设计中心中查找内容

使用AutoCAD设计中心的查找功能，可以通过单击"搜索"按钮🔍，打开"搜索"对话框快速查找图形、块、图层及尺寸样式等图形内容或对其进行设置。如图18.24所示，在"搜索"对话框中，可以设置条件来缩小搜索范围，或者搜索块定义说明中的文字和其他任何"图形属性"对话框中指定的字段。例如，如果不记得将块保存在图形中还是保存为单独的图形，就可以选择搜索图形和块。

利用设计中心查
找图形

图18.24　"搜索"对话框

18.7　工具选项板的自定义应用

AutoCAD高版本中出现了选项板的应用，如图18.25所示，其中工具选项板同块的使用方式一样，可以直接将选项板中的对象拖入CAD图形中。

启用工具选项板的方法如下：

（1）执行"工具"→"选项板"→"工具选项板"命令，如图18.26所示；

（2）按快捷键"Ctrl+3"。

工具选项板的特点如下：

（1）工具选项板其实就是动态块的集合体。在使用中，直接将所需的内容拖入图中即可，拖入的对象，含有定义好的诸多动态开关，可以用处理动态块的办法来处理。

（2）对用户自定义好的块，也可以通过拖入的方法加入工具选项板中。如图18.27所示，图中标高符号为一定义好的块，通过鼠标拖曳的操作即可以加入工具选项板中，可实现绘图中的多次调用的目的。

总之，工具选项板的操作会使得AutoCAD建筑设计操作过程变得轻松、自由和灵活。

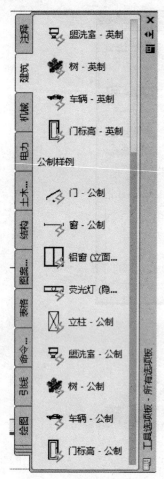

图18.25　工具选项板界面

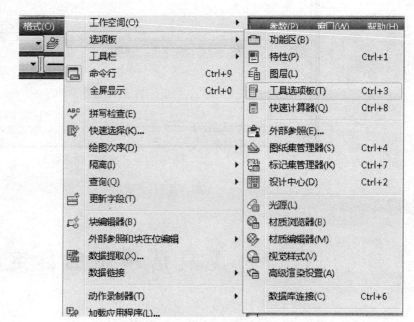

图18.26　工具选项板的下拉菜单启动方式

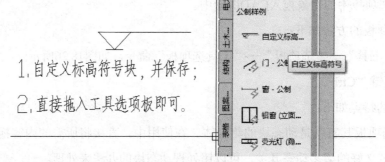

1.自定义标高符号块，并保存；

2.直接拖入工具选项板即可。

图18.27　自定义块加入工具选项板中的操作

单元19　AutoCAD高级命令

19.1　Xline构造线命令

向一个或两个方向无限延伸的直线分别称为射线和构造线，构造线可以用来作辅助线，用于修剪边界，例如，在绘制平面图时，可以利用构造线找到门窗洞口的位置，用于开设门窗洞口。调用构造线命令的方式如下：

（1）单击经典模式下"绘图"工具栏上的 ╱ 按钮。

（2）执行"常用"→"绘图"→"构造线"命令。

（3）在命令行输入命令"xline"（快捷键xl）。

操作过程：

命令:xl↙

指定点或[水平(H)/垂直(V)/角度(A)/二等分(B)/偏移(O)]:指定点或输入选项

（1）点：用无限长直线所通过的两点定义构造线的位置。

指定通过点：指定构造线通过的2个点，按Enter键结束命令，将创建通过指定点的构造线。

（2）水平（H）：创建一条通过选定点的水平参照线。

指定通过点：指定构造线通过的点，按Enter键结束命令，将创建平行于X轴的构造线。

（3）垂直（V）：创建一条通过选定点的垂直参照线。

指定通过点：指定构造线通过的点，按Enter键结束命令，将创建平行于Y轴的构造线。

（4）角度（A）：以指定的角度创建一条参照线。

输入构造线的角度（0）或［参照（R）］：指定角度或需要参照角度输入"r"。

输入构造线角度，指定构造线通过的点，将使用指定角度创建通过指定点的构造线。

（5）二等分（B）：创建一条参照线，它经过选定的角顶点，并且将选定的两条线之间的夹角平分。

指定角的顶点，指定角的起点，指定角的端点，按Enter键结束命令。

（6）偏移（O）：创建平行于另一个对象的参照线。

指定偏移距离或［通过（T）］＜当前＞：指定偏移距离。选择直线对象：选择直线、多段线、射线或构造线，指定向哪侧偏移，指定一点或按Enter键退出命令。

19.2 Wipeout区域覆盖命令

如果需要临时或有目的地将图形中的某一区域遮掩而不是永久删除，可以使用wipeout命令实现此效果。如图19.1（a）所示为原图；如图19.1（b）所示为将技术细节覆盖后的图形。

操作过程：

命令:wipeout

指定第一点或[边框(F)/多段线(P)]<多段线>:

使用鼠标单击多边形点，即可形成拟覆盖的多边形区域，默认状态下是不显示边框的。如果需要显示出来，在命令行输入"wipeout"，然后输入"f"，on为显示边框，off为不显示边框。如果不需要区域覆盖功能，须将边框显示出来，选中边框即可将边框删掉，被覆盖的部分将显示出来。

区域覆盖命令多用于CAD二次开发中，如理工勘察软件生成的CAD图形中将不需要显示的对象用此命令覆盖，达到了主动控制对象是否需要显示的目的。

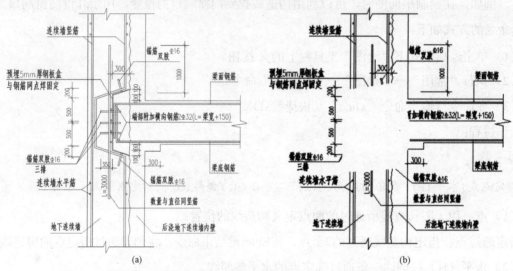

图19.1　逆作法——框架梁与地下连续墙连接做法大样（区域覆盖命令效果）

（a）原图；（b）遮掩后的图形

19.3 Join合并命令

合并命令可将相似的对象合并为一个对象。该命令可编辑的对象有以下几种：

（1）圆弧：即可以将圆弧合并为一个圆。

（2）椭圆弧。

（3）直线：即可以将位于同一条直线上的两条直线合并成一条直线。

（4）多段线。

（5）样条曲线。

要将与之合并的相似的对象称为源对象，要合并的对象必须位于相同的平面上。注意合并两条或多条圆弧（或椭圆弧）时，将从源对象开始沿逆时针方向合并。

操作实例1：

将如图19.2（a）所示的两段直线合并为一个整体。

操作过程：

命令:join
选择源对象：　　　　　　　　　　　　　　　　　　　　　　　　　　　　　（选择直线1）
选择要合并到源的直线:找到1个
选择要合并到源的直线：　　　　　　　　　　　　　　　　　　　　　　　　（选择直线2）
已将1条直线合并到源

执行的效果如图19.2（b）所示。

操作实例2：

将如图19.3（a）所示的圆弧转化为圆。

操作过程：

命令:join
选择源对象：　　　　　　　　　　　　　　　　　　　　　　　　　　　　　（选择圆弧）
选择圆弧,以合并到源或进行[闭合(L)]:l↙　　　　　　　　　　　　　　　（选择"l"闭合选项）
已将圆弧转换为圆。

执行的效果如图19.3（b）所示。

合并命令可以用于恢复由break命令打断的对象，如直线。在建筑施工图绘制中，该命令一般不常用，但用于某些特殊的场合下会取得较好的效果。

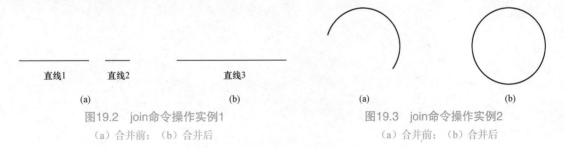

直线1　　　　直线2　　　　　　直线3

(a)　　　　　　　　　　　　(b)　　　　　　　　(a)　　　　　　　(b)

图19.2　join命令操作实例1　　　　　　　图19.3　join命令操作实例2
（a）合并前；（b）合并后　　　　　　　　（a）合并前；（b）合并后

19.4　AutoCAD其他高级命令

以下命令不常用，所以没有出现在菜单或工具条中，只能通过命令行输入来执行。这些命令在实际操作中是非常有用的，在关键时刻应用能提高CAD操作效率。

（1）cal：计算数学和几何表达式，可在CAD界面内通过命令行输入表达式，如"3+5"，按Enter键后可得到答案。

（2）commandline：显示命令行窗口。

（3）commandlinehide：隐藏命令行窗口。

（4）exportpdf：创建PDF文件，可以逐页设置并进行替换。

（5）exportsettings：输出DWF、DWFx或PDF文件时调整页面设置和图形选择。

（6）jpgout：将选定对象以JPEG文件格式保存到文件中。

（7）wmfout：将对象保存为Windows图元文件。

（8）securityoptions：指定图形文件的密码或数字签名选项。

参考文献

[1] 中华人民共和国住房城乡建设部.GB/T 50001—2017房屋建筑制图统一标准［S］.北京：中国建筑工业出版社，2017.

[2] 国家质量技术监督局.GB/T 18229—2000CAD工程制图规则［S］.北京：中国标准出版社，2000.

[3] 中华人民共和国住房和城乡建设部，中华人民共和国国家质量监督检验检疫总局.GB/T 50105—2010建筑结构制图标准［S］.北京：中国建筑工业出版社，2010.

[4] 中华人民共和国国家质量监督检验检疫总局，中国国家标准化管理委员会.GB/T 14689—2008技术制图　图纸幅面和格式［S］.北京：中国标准出版社，2008.

[5] 李秀娟.AutoCAD绘图简明教程（2008版）［M］.北京：北京艺术与科学电子出版社，2008.

[6] 贾雪梅，周少丽，赵辉，等.高职《化工制图与AutoCAD》课程的教学思考［J］.广州化工，2020，48（03）：148-149+163.

[7] 杨雨松，刘娜.AutoCAD 2006中文版实用教程［M］.北京：化学工业出版社，2007.

[8] 娄少红.基于AutoCAD参数化功能的A型裙样板自动化生成［J］.纺织学报，2020，41（01）：131-138.

[9] 王淑琼.微课教学在《CAD应用技术》课程中的应用研究［J］.化学工程与装备，2020（01）：284-285.

[10] 马永志，时国庆，程俊峰，等.AutoCAD 2010中文版参数化绘图［M］.北京：人民邮电出版社，2010.

[11] 李善锋，姜勇，李原福，等.AutoCAD 2012中文版完全自学教程［M］.北京：机械工业出版社，2012.

[12] 秦艳.生源多样化背景下高职AutoCAD课程分层教学的实践探索［J］.教育现代化，2019，6（A3）：58-59+64.

[13] 彭亚峰.中职AutoCAD信息化教学模式转变之我见［J］.河北农机，2020（01）：68-69.

[14] 齐玉清."建筑CAD核心课程标准"的课题研究［J］.中国高新区，2017（15）：64.

[15] 杜洁，王平诸.绘制建筑施工图时AutoCAD样板图设置技巧［J］.山西建筑，2010，36（29）：373-374.

[16] 杜瑞锋，齐玉清，韩淑芳.建筑CAD［M］.北京：北京理工大学出版社，2015.

[17] 吴汉华.提高建筑设计院计算机技术应用水平［J］.建筑设计研究，2008，26（5）：46-47.

[18] 刘佳，黄然.建筑一体化设计［M］.北京：化学工业出版社，2007.

[19] 陈芳.计算机辅助加工影响下的机械CAD制图教学——评《AutoCAD 2018机械设计从入门到精通》［J］.机械设计，2019，36（12）：155.

［20］孙海林.手把手教你建筑结构设计［M］.2版.北京：中国建筑工业出版社，2014.

［21］杜瑞锋，申钢，贾国强.注释性功能为土木建筑工程设计界带来新展望［J］.图学学报，2015，36（3）：485-488.

［22］齐玉清.建筑工程识图技能竞赛促进教学机制的研究［J］.建材与装饰，2019（19）：131-132.

［23］杜瑞锋，代洪伟.目前AutoCAD课程存在的问题以及加强视口操作的必要性［J］.内蒙古教育（职教版），2013（3）：67.

［24］王继群，郭勇.浅谈AutoCAD软件在机械工程制图公差标注中的应用技巧［J］.现代信息科技，2019，3（24）：168-170.

［25］匡清，王卫芳.项目教学法在《AutoCAD》课程中的教学研究［J］.内江科技，2019，40（12）：37+36.

［26］陆玉兵，马辉.基于MOOC的AutoCAD课程混合式教学改革研究与实践［J］.湖北农机化，2020（01）：114-115.

［27］韩淑芳.浅谈《建筑CAD》课程标准建设［J］.当代教育实践与教学研究，2016（05）：24.